GREAT WORK

高绩效心智

拉开彼此差距的关键因素

安妮 著

北京联合出版公司
Beijing United Publishing Co.,Ltd.

图书在版编目（CIP）数据

高绩效心智 ：拉开彼此差距的关键因素 ／ 安妮著
． —— 北京 ：北京联合出版公司，2019.6
ISBN 978-7-5596-2991-3

Ⅰ．①高⋯ Ⅱ．①安⋯ Ⅲ．①成功心理－通俗读物
Ⅳ．①B848.4-49

中国版本图书馆CIP数据核字(2019)第045590号

高绩效心智

作　　者：安　妮
选题统筹：慢半拍
责任编辑：徐　鹏

北京联合出版公司出版
（北京市西城区德外大街83号楼9层　　100088）
北京联合天畅文化传播公司发行
天津旭丰源印刷有限公司印刷　　新华书店经销
字数196千字　　880毫米×1230毫米　　1/32　　8印张
2019年6月第1版　　2019年6月第1次印刷
ISBN 978-7-5596-2991-3
定价：42.00元

序言（一）
如果稻盛和夫是个 30 岁的妹子

新精英生涯董事长、生涯规划师　古典

有次见面，安妮给我看她每天睡前都在读的一本书——稻盛和夫的《活法》。

这本书我自己有，但她那个版本甚是独特：手掌大小，软皮封面，适合放在兜里没事翻几页——仿的是《圣经》的样式。

我一下子理解了这种书"应该的"读法。

稻盛和夫讲的不再是具体的"术"，而是"道"。这种书和功夫茶一样，一气儿喝下来难受，要慢慢地读，每天翻几页，才有味道。

这"茶"所配的"茶果"，则是一个个故事。

以他的经历，故事自然不缺，难得的是老先生的真诚实在——他会明明白白地告诉你，那个时候其实是怎么回事，自己哪里做的不好，真实是怎么想的，事后又怎么后悔。不像那些企业家的传记，不是做个人品牌就是市值管理，他们不能、不敢也不愿讲真话。

真实自然最有力。

人很难被说服，但是容易被感动。

走心，就是有一种从人的心里，而不是大脑走过的力量。

于是，这本手掌版的《活法》被我抢来，揣在兜里，回来路上在飞机上翻。

两天以后，另外的两本也被安妮邮寄过来，告诉我"这是一套的！"

现在在我的案头，就有它们仨。

而当我看到安妮的书稿的时候，我又想起了她给我的那三本书。

别被这本书的标题欺骗，它不是一本什么"教你管理的招数""时间管理的心法"这种干货工具书，也不应该进入"高绩效人士必读的10本书"这种焦虑的书单。

这本书就像《活法》一样，里面有一个个真实的故事、一个个鲜活清晰的人、一个个感悟和一些提高到心智维度的原则。

细细一翻，这样的细节特别多——关于企业管理、做人法则、交往之道。

谈到某个企业的价值观传达：他们如何做到十多年沉得住气，一点点做到行业第一？如何让每个高管都有高度统一的想法和价值观？

"由董事长带头，我们所有的高管，每天都会在本子上写这样一段话：'老板有信仰，团队有力量，企业有希望。有目标，沉住气，踏实干。'我们坚持写这段话，写了很多年。每天，我们都会把写好的文字拍下来，发到群里。这样充满正能量的价值观，已经深深地根植在我们的信念中了。"

也有自己做企业的困惑：海归协会收入不算高，但是需要应付的场面一点儿也不低，作为秘书长，如何留住好的人才？一个尝试是模仿凤凰卫视的做法，把团队带成了"群IP"；为了抓住一个顶级的编辑做杂志，知道他喜欢乔丹，告诉他自己能拿到一张乔丹见面会的门票，然后想尽办法，去搞这张门票。

这里面还有很多很多真实的人：书中的"英华姐""Mumu""丁晓辉老师"……这些故事的主人公，每个人都因安妮和我真实结缘。这本书让我透过时间看到他们的最初，如何认识，如何互相成就。

英华姐第一次约见，看到安妮身体不好，完全没谈业务，只是介绍了一家针灸馆建议治病。等安妮发短信感谢疗效时候，卡已经在前台办好了；

Mumu是个内向的摄影师，向安妮请教如何开创自己的晚礼服品牌，却意外获得支持。而这些支持又返给支持者本人，让安妮成为了国际品牌的代言人。

……

这些故事我都亲身经历过，而这本书则把舞台的幕布掀开，让我看到舞台的背后：我们这一代人是幸福的。在一个生命变长、变化加快的时代，我们真的有机会清晰见证佛教里说过的"轮回"和"因果"，好的发心如何一点点地扩展出去，以一种你想象不到的方式，重新回到你的生活中，这是因果；而没有修炼好的心智模式，则一次次以不同形态反复在你生活里出现，让你一次次陷入困局，这是轮回。

这些才是在世界舞台的幕布后，真实发生的事。

一个个很容易读完的故事；

毫不遮掩的真诚和内心的暴露；

简单的语言，偶尔闪动的智慧语句。

我想，如果稻盛和夫是个30多岁的中国萌妹子，这就是他写《活法》的方式。

序言（二）
写给二妮

非常务实商学院创始人　丁晓辉

　　认识安妮有几年了。真正熟悉她是从她进入我的"亮心私塾"开始，一晃两年过去了，安妮也从亮心私塾毕业了。我欣喜地发现，安妮身上发生了巨大的变化。我是一个用词稳妥的人。这里用"巨大"二字来形容她的变化，却一点儿也不为过。她的人生开始进入属于她自己的阶段，就像她常说的那样，她"发现"了自己，"认识"了自己，开始活出属于自己的而不是别人期望的人生。四个月前，她对我说要写第二本书；今天，书稿就放在了我的面前。我为这个丫头的自律与信守承诺所震惊。仔细看了书稿后，我发现其实不用看，因为每个故事都听安妮讲过。估计等安妮老了，她可以出一本《安妮故事集》了。呵呵。

　　安妮在我的亮心私塾里有一个绰号，叫"二妮"。"二"在口语里是有点儿傻傻的意思，叫她二妮其实就是觉得她傻傻的、笨笨的。她是个傻傻的、笨笨的姑娘，但傻得可爱，笨得执着。现今社会里，很多人都觉得自己很聪明，都想走捷径，而二妮这两年却越来越脚踏实地了。她不再被外界的诱惑所吸引，专注于自己的事业，专注于自我的成长。作为她的老师，我常常布置一些阅读作业给她，她从来都是不打折扣地完成，看完后还会写读后感给我；我跟她说，一个人的底蕴厚度决定了一个人人生的高度，我建议她读一些历史书、传记、佛学书、哲学书等，她都一丝不苟地看完了；我在私塾班里教给她的技巧和方法，比如如何"听"别人的话，如何在沟通中"提问"，我让她练习50遍，她就真的练习了50遍；我发现她有演讲的天赋，就让她限时完成50场，她真的做到了。自从一年多前她进入我的亮心私塾开始，她每天都会写一篇规定格式的分享给我，节假日也不例外，至今应该有500多篇了。这真是非常人所能做到的。别人只看到了她的进步，却没看到她"二二"的坚持；别人只看到她在人前台上的从容，却没看到她顽强的努力。人的成长是做出来的，不是学出来的。在这一点上她是很"二"，很笨，但她的进步飞快。这正说明了，这个世界上最有效的"捷径"就是一步一个脚印地做事，脚踏实地地成长。在这个多数人都懂得一堆道理但依然过不好一生的社会

高绩效心智

里，二妮通过她的"二"，活出了属于自己的人生。

二妮的成长，还表现为她渐渐不太在乎别人的评价了。我刚认识的安妮，非常容易受别人影响，非常在乎别人的评价。她听张三的话，觉得有道理；听李四的话，也觉得有道理——就是没有自己独立的见解和主张。那个时候的安妮，别人让她参与什么生意，她都觉得是对方看得起自己。别人一"忽悠"，她就会欣然同意，而且觉得自己特有价值。经过很多次的失败和挫折，她慢慢形成了自己判断人、事、物的标准，价值观也逐渐清晰起来。她不再羡慕"虚假的繁荣"，不再羡慕身边那些大老板，她开始发现自己的优点，发现自己独一无二的天性。她开始做自己了。慢慢地，我们发现，她开始学习拒绝纷繁的聚会和机会，拒绝那些别人看起来非常好的生意诱惑，开始按照自己的价值排序来对待工作和生活。以前，只要别人说安妮哪里不好，她都会难受半天。现在的二妮就好多了——你说你的，我做我的。安妮变得越来越自信，越来越独立，她不会再轻易地被人影响，反而开始影响别人。如果一个人的自我认知不够，自信心不够，没有独立的价值体系，是很难不被环境影响的。这两年，二妮其实在不断探索自己的价值观、人生观、世界观。她读了很多书，慢慢形成自己独立的见解和主张，也许这就是她常说的"发现自己，勇敢做自己"的原因吧。当她开始身心合一地"做自己"的时候，她就活成了一道光——照亮自己的同时，也在照亮他人。

二妮不是一般的"二"，她张口闭口不是"正心诚意，成人达己"，就是"点亮自己，照亮他人"。关键在于，她这么说不是她希望别人觉得她怎么样，她真就是这么想的。有一次，她跟朋友去禅宗六祖慧能的南华寺拜佛。我问她："你去六祖真身前拜的时候许愿了吗？"她一脸认真地回答："我希望'正心诚意，成人达己'，帮助更多的人。"她丝毫没有开玩笑的样子。我被她的"二"感动了。自从在亮心私塾里读完稻盛和夫的《活法》，她就开始竭尽全力地用帮助他人的方法来"成长"自己，全然地成就他人，全然地照亮他人。她常常跟我分享，在她帮助别人的过程中，其实收获最多的人是她自己。

当然，二妮也不是完美的。世上本来就没有完美。她也有她需要解决的困惑、需要完成的功课和需要面对的难题。但至少这个二妮活得很真实。每到这时，作为老师的我就会发个红包给她。她收到红包，会在微信里回个笑脸和"包治百病"四个字。

在这个浮躁的社会里，很多人感到焦虑，很多人自认为聪明，很多人都活在别人的目光中和别人的评价里，很多人都想快速成长，很多人都不愿意脚踏实地……在这样的环境里，二妮的"二"就更显得难能可贵。她的"二"是一种不走捷径的踏实，一种心无旁骛的专注，一种不随波逐流的独立，一种目不转睛的坚持，一种超乎寻常的努力。

真心希望这本书的读者能安静地读读二妮这本书。希望大家能在书中看到"二"的精神，看到真实的二妮。大家也许能在二妮的故事中看到自己的影子，然后一起努力，让这个社会多一些正能量，给人更多的信心、希望、欢喜和方便。

恭喜安妮成长为二妮，也恭喜她的新书出版。希望更多的人能跟二妮一样，点亮自己，照亮他人。

目 录

只有认识你自己，才能全力以赴地成为你自己，

心无旁骛地实现你自己。

第一章

多重专注：否则前功尽弃

好的不等于对的

：
，

我有一个邻居叫Lina，本科学的是服装设计。大学毕业以后，她从老家来到深圳，在一家服装设计公司做设计师。Lina喜欢服装，也喜欢设计和创作，但就是时间观念不强，也不愿受制度的束缚。因为上班总是迟到，领导对Lina十分不满意，Lina也感觉自己并不适合朝九晚六的生活，她决定辞职去创业。于是，Lina和一个大学同学一起，开了一家淘宝店，主打轻奢型女装。由于Lina本身学的是服装设计，对审美又有很高的品位，所以做起淘宝店来简直如鱼得水。短短一年时间，Lina就把一个毫无名气的淘宝小店做成了"三皇冠店"。"三皇冠"意味着什么呢？意味着年营业额能达到四千多万，利润率在百分之四十以上。

开淘宝店的收入的确非常可观，但这份工作也着实辛苦。Lina几乎全年无休，每天对着电脑，一天几乎要工作二十个小时。有的时候早上八点下班，有的时候凌晨三点下班，有的时候甚至通宵无休。对她来说，没有固定的下班时间，也没有双休日。虽然她的公司里也有一些员工，但是，淘宝店的性质决定了，店铺的核心信息必须掌握在老板手里。因为做淘宝店的门槛并不高，很多员工在掌握了供货渠道等资源以后，就自己跑去开店铺了。这种情况屡有发生。曾经有好几个Lina特别器重的下属，甚至在得到了Lina分给他们股权的承诺之后，仍然跑去自己开店铺了。Lina十分无奈，但也没有任何办法，毕竟人各有志。几年下来，她已经为自己培养了不少竞争对手。她不敢再下放太多的权力给员工，很多事都只能亲力亲为，所以经常把自己"累成狗"。用Lina的话来说，"即便赚了钱也没有时间花，时间全都奉献给了互联网"。

做电商还有一个特点，就是现实生活中鲜少有社交活动。因为常年对着电脑，Lina现在都有轻微的"社交恐惧症"了。每次我约她出来吃饭，她都会问："还有谁，有我不认识的吗？如果有我不认识的人，我就不去了。"我劝道："见一次不就认识了吗？都是一回生二回熟啊！"可是Lina仍然拒绝。她说，她现在已经不知道该如何跟陌生人打交道了，似乎"社交"这种能力正从她身上慢慢消失。她只愿意见熟悉的朋友，约认识的人。但凡去到人多的地方，她就觉得浑身不自在。

有一次，Lina约我吃饭，我带上了一个同事CC。CC是一个活泼外向的女孩，特别讨人喜欢，也很擅长与人打交道。她当时负责对接媒体和市场，我觉得这个职位非常适合她。我们边吃边聊，Lina告诉我们，她最近换了一台新车。夏天到了，淘宝店的生意越来越好了。她给我们看了她的新品夏装，都非常时尚，非常抢眼。Lina说，她对服装的选择很敏感，只要是她看中的款式，基本上都能大卖。闲聊中，Lina介绍着她的业务，同事CC听后艳羡不已。临别时，CC留了Lina的联系方式，她们成了朋友。

这件事我并没有放在心上。可是没过几天，CC就向我提交了离职申请。我特别惊讶，问她："你不是做得好好的吗，为什么要离职呢？"CC支支吾吾，只是说想回老家考公务员。我再三挽留，可是她去意已决，我也很无奈，只好尊重她的决定。

过了不久，Lina又和我见面了。一见面她就对我说："你知道吗，你那个小助理跑去开淘宝店了。"我一时间没反应过来："谁？什么意思？"Lina继续说："就是上次你介绍给我认识的那个CC，上个月跑到公司找我，问了我一堆关于淘宝店的问题，然后说她也要去开淘宝店。我看她是你的下属，就很耐心地教了她一天。但是我感觉，她的心态不对。

开淘宝店在她眼里很轻松，很赚钱，却不一定适合她。因为我的性格比较内向，又是学服装设计的，所以比较适合做淘宝女装。那个女孩子性格活泼，对服装一窍不通，就贸贸然跑去做电商，会不会风险太大了？"

我这才明白，CC原来是跑去开淘宝店了。她一定是看Lina做起来好像很容易，似乎没花费太大气力，就得到了想要的财富，所以也想转到这一行。殊不知，好的，不一定是对的。适合Lina的，不一定是适合CC的。每个人的性情禀赋都不一样。比如，我就十分不适合做电商。因为我是一个社交型的人，我喜欢与人交流。而且我作息规律，习惯早睡早起。如果让我每天对着电脑，三餐不定，日日熬夜，没有圈子，没有社交，即使赚再多的钱，我也不能忍受。所以，对别人来说是很好的选择，对你来说未必是正确的选择。

于是，我决定找CC出来聊聊，希望能帮助她。我约CC见面，问她近况如何。CC见了我，觉得很难为情。因为之前骗我说回去考公务员，其实是去开淘宝店了。她告诉我，她的淘宝店关掉了。起初，她看到Lina姐姐似乎轻而易举就把店铺经营好了，心里十分羡慕。她觉得自己很聪明，也很优秀，从任何方面相比，自己都不见得会输给Lina。加之电商行业发展迅猛，前景非常好，所以，她也选择了这个"看上去很好"的事业。可是做了三个月，就发现事实与自己所想的大相径庭。做淘宝店看似简单，实则是这么多行业中竞争最大的。因为门槛很低，人人都可以做，但要真正想把店铺做好，需要付出巨大的代价——时间、精力、钱财、个人生活，甚至健康。CC说，自己是一个爱说笑、爱玩闹、爱与人打交道的人，这样没日没夜地对着电脑的生活，实在不是她想要的。

听了她的这番话，我感到很欣慰。看来，CC已经认识到了：如果自己在一条合适的跑道上，可能会创造出更多的精彩；但如果她放弃了自己的长处，去做并不适合她的事，那结果将非常可惜。

在我的劝说下，CC又回到了我的团队。经过这件事之后，她再也没有生出离开团队跑去创业的想法。她对我说："安妮姐，我终于发现了，大家都说'好的'，不一定是'对的'。我需要找的，是真正适合我的'好'，而不是众人眼中的'好'。我觉得自己非常适合做协会，每天接触不同的人、不同的行业，可以学到很多新的东西。我非常享受现在的工作，谢谢安妮姐当初的挽留。"

CC的这番话让我特别有感触。就像人们常说的：贵的不一定是对的。大家都认为是好的，未必就是适合你的，也未必能带给你真正的快乐。Lina做淘宝店很成功，大家都觉得她选择的路很好，但这条"好的路"只适合她，并不适合所有人。真正适合我们的，是那些跟我们的禀赋相吻合的、我们内心深处真正想做的事。一想起那些事，就能让我们心潮澎湃，让我们废寝忘食，让我们愿意付出全部的生命去经营。只有做这样的事，才会让我们对人生充满希望，对世界充满激情。

但同时，"好的"和"对的"也不是全然对立的，它们也是相辅相成的。如果我们不了解自己的心，就看不到真正属于我们的"好"，只能看到大家眼中的"好"，然后为了这样不适合你的"好"，而迷失在了不属于你的道路上。真正有智慧的人，要看清自己，也要看懂自己，选择那条"对的路"，然后竭尽全力，把它变成"好的路"。

安妮说

真正适合我们的，是那些跟我们的禀赋相吻合的、我们内心深处真正想做的事。一想起那些事，就能让我们心潮澎湃，让我们废寝忘食，让我们愿意付出全部的生命去经营。只有做这样的事，才会让我们对人生充满希望，对世界充满激情。

认识我是谁，成为我所是

：

；

以前的我，很容易受别人的影响。

前段时间，有个朋友在越南做燕窝生意。他对我说，燕窝的市场很大，利润很高。因为我是做社群的，身边有很多高端客户，如果能跟他一起合伙做燕窝生意，一定能赚很多钱。我一听，顿时心花怒放：好啊好啊，那我们策划一下吧。于是，我们俩再加上两个朋友，一共四个人，真的开了一家公司，开始做燕窝生意。我们的分工是：燕窝兄弟负责货源，我负责渠道，一个朋友负责公关，另外一个朋友负责销售。这个分工听起来好完美。我们还给这家公司起了一个非常接地气的名字——阳光四人行贸易有限公司。我们觉得，离我们人生的宏伟目标越来越近了，内心充满了欢乐。可是公司成立没多久，就出现了问题。由于我们四个人都是有主业的，燕窝生意只是副业，大家都只能在工作之余去关注燕窝生意，投入的时间和

高绩效心智

精力都难以保证。加上我们也没有明确谁是总经理，谁是核心负责人，遇到问题还要四个人聚头商量，而一旦大家的工作都特别忙，就把燕窝生意全抛诸脑后了。有的时候，我们四个人甚至一个多月也见不上一面。公司的业绩也随着我们投入精力的多少而上下浮动。这样的境况没持续多久，我们的燕窝公司就关门了，四个合伙人也不欢而散。

后来，微商开始流行。一个好姐妹约我吃饭，偶然间聊起来，她说："安妮，你知道吗，我的乡下小表妹现在专职做微商，卖面膜，一年能赚一百多万！原本能力平平的小表妹，现在也能住大别墅，开玛莎拉蒂了。我觉得，以你的性格和能力，一定能做得比她更好！"姐妹的话又让我心动了。她兴致勃勃地拉着我说："不如我们一起来做面膜吧！面膜的成本低，利润高，又是快消品。你的朋友圈有那么多人，咱们随随便便就能卖几万片！"一顿饭的工夫，我就"干脆利落"地决定和她一起做面膜生意了。我们一本正经地开始筹划起来：每人投资几万块，先成立一家面膜公司，然后找个面膜厂帮我们生产面膜，再找个设计师把产品包装设计一下，然后就趁着微商的"东风"，干一番大事业！我们甚至设想了"事业壮大"以后的情景——招一些代理，让代理负责销售，我们只需要负责管理就行了。姐妹还给我看了一个微商面膜的广告，是一位香港明星代言的。她说："你看，连大明星都开始做微商了，我们还等什么呢？"

听完她的话，我激动得几个晚上都睡不着觉，兴奋地做着当老板的梦，觉得自己太幸福了。不过，鉴于上次燕窝事件的经验，我觉得这个项目需要找个全职的核心负责人，否则又会黄掉。可是姐妹她自己家里做企业，本来就忙得不可开交，不可能为了这个副业而放弃家族生意；而我又是协会的秘书长，也不可能为了做微商而辞职。我感到十分为难，一直在踌躇，身边谁才是合适的人选。这一拖，几个月就过去了。面膜的销量突然开始大幅度下滑，微商的管理也变得更加严格。我们只得放弃了这个曾经让我睡不着觉的创业项目。

过了不久，一个朋友找到我，说他想开一家餐厅，做东北拉面，问我有没有兴趣入伙。我说："我没有做过餐饮，对这行完全不懂啊！"他说："你不需要懂，你是资源入股，只需要投些钱，到时候带些朋友过来就可以了。很简单的。"他看着我，"安妮，你知道吗，世界上哪种行业更易做成百年企业？"我摇摇头。他说："餐饮。民以食为天。经济不景气的时候，很多行业都会下滑，只有餐饮不会，也只有餐饮是最容易做成百年老店的。"他的这番话真是让我心潮澎湃。虽然我没有做过餐饮，但我觉得他讲得很有道

高绩效心智

理。无论如何，人总是要吃饭的呀！加之，总结前两次的经验，我认为：第一，我不能全职做，因为我有主业，所以一定要找个能全职做这件事的人，我配合他就好；第二，我要选一个不会随着市场行情而剧烈动荡的行业。这个东北面馆既不需要我全职参与，又不属于"昙花一现"的行业，不正适合我吗？我感觉自己太幸运了，又找到了新的项目。于是我也没多想，就激动地答应了。

就这样，我开始协助朋友做这家东北面馆。其实我本身是不太喜欢吃面食的，但为了餐厅的生意，我会时不时地带朋友去光顾，自己也勉为其难地吃一两碗。身边的朋友们，也逐渐知道了我入股了一家东北面馆，会去"帮衬"我的生意。可是，渐渐地，我发现，经营一家面馆并没有我想象中那么简单。假设一碗面二十块钱，一天卖一百碗，一个月也才收入六万块钱。除去房租、人工、水电等成本，利润其实并不高。加上我又是一个小股东，就算面馆月收入三十万，我的分红也没有多少。离我想象中的"收入可观"，实在相去甚远。我有点儿为自己冲动的决定后悔了。为了这个小小的东北面馆，我花费了很多时间和精力。平时工作之余，还要去面馆帮忙接待。我感觉自己快变成一个餐厅接待员了，这种生活不是我想要的。我又陷入了纠结。

经过这几件事，我发现自己特别容易受到影响。我完全不知道该不该选择，该如何选择。我想，这后面更深层的原因是，我对自己没有清晰的认知，根本不知道自己到底想要什么。别人说苹果汁多味美，有益于健康，我就跑去吃苹果；别人说柠檬酸爽开胃，美白养生，我就跑去吃柠檬——我甚至不问问自己：你真的喜欢吃苹果吗？你真的喜欢吃柠檬吗？其实，我根本不喜欢苹果和柠檬，我真正喜欢的是牛油果！但我完全没有给自己时间去思考，就做了一个"别人觉得不错"的决定。而实际上，那根本不是适合我的决定。

　　我很喜欢古希腊的一位哲学家苏格拉底，他经常用一句话来教育自己的学生："人啊，认识你自己！"这也是镌刻在古希腊德尔斐神庙柱子上的一句箴言。只有认识你自己，才能全力以赴地成为你自己，实现你自己。我以前总是以为，对别人来说是好的，对我来说也一定是好的。殊不知，别人眼中的"好"，不一定是适合我的"好"。我的强项是与人打交道，是处理人际关系，是做更大的平台。我做了十年的协会，已经把自己打造成了协会中的一颗明星，我为什么不在这个舞台上继续成长壮大，而一定要更换跑道呢？我开始思索这个问题。

　　其实，不论是做燕窝生意，还是东北面馆，还是海归协

　　　　　　　　　　　　　　　　　　　　　高绩效心智

会，做任何事情，只有足够专注，全力以赴，才能达到理想的效果。我擅长的是做平台，为什么不在这条跑道上深耕，把平台做得更大更强，让自己在这个平台上发挥更大的能量呢？这样，在成就别人的同时，也能成就我自己。这不是一种基于清晰的自我认知而做出的更适合我的选择吗？

所以我认为，清晰的自我认知非常重要。只有认识我是谁，才能努力地成为我所是。比人生的出场顺序更重要的，是你知道自己最想要的是什么。

十年不抬头，一抬头，我已是世界第一。怀着这种志气和使命感，我决定不再换跑道，也不再轻易地受任何人的影响。我就是一个平台的秘书长。我这辈子，都将在做平台这件事上，努力耕耘下去！

每个人的一生，都在做一件事，那就是："Know who I am，and be who I am."认识你自己，才能努力成为你所是！

✦ **安妮说**

只有认识我是谁，才能努力地成为我所是。比人生的出场顺序更重要的，是你知道自己最想要的是什么。

时间管理，是技术，更是艺术

：

，

2017年，我出了一本书。最后一个知道我出书的人，是我的妈妈。在她眼中，她的女儿是一个超级忙碌的人。她拿到这本书以后，问我的第一句话是："宝贝女儿，你还有时间写书？"她无比惊讶地问，想知道我的时间是从哪里来的。关注我的朋友圈的人都知道，我每天从早忙到晚，稍微有一点儿空闲时间，还要陪孩子。那个时候女儿才两岁，特别需要我的照顾。所有人都认为我是忙到快要"飞"起来的人，也都很好奇我是如何练就的"分身之术"。在如此快速、匆促的时代，能安安静静地看完一本书都有点儿困难，更何况是写书？很多人都想知道，我这本书是如何写出来的。

那我就跟大家分享一下，我的时间管理之法。

在此之前，先说说我写书的动机。那是一个风和日丽的下午，一个从美国回来的小弟弟约我喝咖啡，想咨询一下加入海归协会的事宜。我跟他认识有一段时间了，他给我的感觉就是一个"香蕉人"——英文十分流利，普通话不太标准。记得有一次聊天，他激动地跟我说："安妮姐，你知道吗，万象天地新开了一家小米旗'航'店。"当时真是快把我给笑晕了。我说："弟弟，那是小米旗'舰'店呀！"那天下午再见面时，我问他最近在忙什么。他说："安妮姐，我最近在写中文书。"写书？用中文？听起来很富有挑战性啊！他在国外待了十几年，汉字都不认识几个，还写书？我顿时对他抱以崇高的敬意。这弟弟胆子太大了，我只能说，很佩服，并且希望他不要在书里面出现类似"小米旗航店"这样的错误。不过在那一刻，我也被他的勇气感动了——一位刚回国的海归小朋友，连中文都说不好，就要写一本中文书。而我这个"鸡汤姐"，写了好几年的分享文章，却从来没有想过要出一本书。于是，我对自己说：不如我也试一下吧，万一成功了呢？

那是2016年的9月，我的心中萌生出了写书的想法。国庆节，我和家人去国外度假。10月8号回到家，我就开始制订我的写书计划了。首先，我每周有七个晚上，其中有三个晚上有工作安排，有的时候是接待，有的时候是加班。另外四个晚上，我都要哄女儿睡觉。女儿睡觉的时间是晚上十点。如果每周这四天晚上，我哄女儿睡觉以后就开始写作，那么，我一周将有八个小时可以写作。如果两个小时写一篇文章，一篇文章三千字，那么，我一周可以写一万两千字，两个月就可以写十万字。加上一个月的修改时间，三个月，我就能完成我人生中的第一本书了。

制订好时间计划后，我就开始实施了。刚开始的时候，遇到了很多困难。比如，有的时候女儿晚上很闹，不肯睡觉，磨磨蹭蹭到十一点多才睡。我很着急，希望她快点睡着，我好开始写作。可她偏偏不睡，就是要跟我玩。于是我就安抚自己：平静，平静，只有自己先平静下来，女儿才会跟着安静。果然，在我自我暗示以后，女儿就渐渐睡着了。但是我开始写作的时候，已经到了十一点半了。

我只好开始思考如何利用白天的时间写作。由于我的工作很忙，白天的时间通常都被占满了，几乎挤不出时间写作。很多时候，甚至忙得连午休的时间都没有。但只要我有一点点空闲时间，我就会构思晚上写作的主题。我会随身带着一本记事本，把想到的关键点都写下来，有的时候是几个字，有的时候是一句话。我用白天这点时间记录灵感，理清思路，偶尔还能翻阅一些素材，让晚上的写作内容更加丰富和饱满。有了白天的铺垫，晚上写作的效率就更高了。

在晚上写作的过程中，我还遇到一个困难。那个时候女儿两岁，有的时候半夜会醒来，如果看不到妈妈，就会哭闹，所以我写作的时候，不能离开女儿的房间。但是电脑屏幕一打开，就会有一束光，而且打字时还会发出声音。我怕吵醒女儿，就想了一个办法：拿被子罩着头，在被子里面写。这样，如果女儿醒了，我可以立马过去照顾她。同时，用被子蒙住电脑，又可以遮挡光亮，降低敲键盘的声音，不会惊醒女儿。我就用这个方法，坚持写了三个月。

我是一个"计划控"，通常一周前就会把下一周的工作安排好，写在记事本上。我让朋友们知道，我最近在写书，每周只有三个晚上有一点空闲时间。如果有什么事情要找我的话，只能安排在这三个晚上，其他时间，我雷打不动不出去。刚开始，还有人约我吃饭、喝咖啡、做运动，我全部都推掉了。因为按照我的计划，我一周只有三个晚上有空，如果这周的额度用完了，就只能等下一周。最初，朋友们有点儿不适应，觉得我很"矫情"。后来，大家见我这么坚持，也都开始尊重我的决定。一个坚守自己原则的人，通常也会赢得别人的尊重。我坚信这一点。

好不容易守护住了宝贵的写作时间，我又遇到了另外一个难题——我一写起来就有点儿"收不住"，动不动就写到凌晨两三点。这导致我白天十分困倦，无精打采，工作也受到了影响。怎样才能控制我的写作时间呢？我又给自己定了一个新的目标——早起运动。这样听起来就更加富有挑战了：晚上写作，早起运动，白天工作，听起来好像"永动人"。但是我想，如果我能比平时更早起的话，我就会强迫自己不超时写作了。人都是要逼自己一下的。有的时候逼一逼，习惯就形成了。于是，我给自己定下计划：每天早上六点半起来运动一个小时，然后收拾整理，再去上班。刚开始那一周，真的非常不习惯。每天早晨起来，睡眼惺忪，混混沌沌，只想睡觉。可是，渐渐地，当早起的习惯养成以后，晚上过了零点我就很困了，像以前那种"越夜越精神"的状况，完全消失了！我更加珍惜这难得的两个小时写作时间，写起来更有效率了。另外，我还发现，早起一个小时，可以边运动，边整理当天的工作计划和写作思路，工作效率和写作效率都提高了！

　　人生中有很多时候，不是看到希望了才去坚持，而是坚持了，才会看到希望。当我每天坚持早起，晚上在女儿睡着以后写书，我发现我的人生有了奇迹般的改变——我越来越自由，也越来越自信。我不会在睡觉前刷朋友圈了，因为我没时间。我要写书！我有了新的人生目标，我要成为一名作家！每次想到这些，我的内心都无比激动。我再也不会赖床了，因为我要早起运动。因为经常运动，皮肤变得越来越好，体重也减轻了。

我发现，严苛的时间管理，坚持遵守时间计划，让我受益匪浅。我在不知不觉中变得更加自律了。有句话说："优秀的人不一定自律，但自律的人，通常都很优秀。"老天爷对每个人都是公平的，每天给我们的时间都是二十四小时。人与人之间的差距就在于你如何规划自己的闲暇时间。优秀的人对自己都是残酷的。当我们感觉生活很轻松的时候，其实我们是在走下坡路。有的人说："人生苦短，为什么要那么累呢？随随便便地生活就行了。"我想说的是，不要在能选择优秀的时候，选择了安逸。其实，自我节制比自我放纵更加自由。当我们学会管理自己的时间，养成了自律的习惯，我们就成了时间的主人，而不是被时间催促的奴仆。

有一次，在团队开会时，一个小助理问我："安妮姐，你为什么有那么多时间呢？我感觉我的时间都不够用啊！"我回复她："你有认真规划过你的时间吗？你有制订严苛的时间计划吗？如果你没有认真规划过，就不要说自己没有时间。"

我的时间管理诀窍是：首先，要制定目标。这个目标必须具有挑战性，必须能让你心潮澎湃。其次，按照这个目标，把时间分解，然后严格按照这个时间表来执行。其中要注意的是，不能为了实现目标而牺牲了健康，要科学地管理时间。在执行过程中，要养成自律的习惯。当目标实现的时候，你会发现，时间管理并不是在折磨你，而是在成就你。当你一次又一次地实现目标，达到下一个新的高峰的时候，你就会知道——原来你是如此卓越，生活竟然如此美好！

时间管理，是技术，更是艺术。把自己的时间管理好，其实是把我们的人生，活成一门艺术！

> **✦ 安妮说**
>
> 当目标实现的时候，你会发现，时间管理并不是在折磨你，而是在成就你。当你一次又一次地实现目标，达到下一个新的高峰的时候，你就会知道——原来你是如此卓越，生活竟然如此美好！

困境之于"专注力"：是试金石，更是能量源

:

,

2011年，我刚加入海归协会的时候，会长对我说："安妮，我们应该做一本海归杂志。"虽然我平时写过一些文章，可从来没有做过杂志。这海归杂志该怎么做，我心里没底。不过我对待工作的态度是：不去问为什么，只去想该怎么做。我给自己定下了目标——我要做杂志！

这对当时的我来说，是一个巨大的挑战。我平时不太看杂志，突然接到这个任务，着实有点儿慌乱。不过，既然答应下来了，我就要努力完成。绝不为困难找借口，只为成功找方法！我开始策划我人生中的第一本杂志。那段时间，我每天都在思考我要如何完成这个目标。

我把书店里能买到的各个领域的知名杂志都买了回来，包括时尚杂志、汽车杂志、财经杂志、体育杂志，等等。然后开始研究这些杂志的栏目设置、文字图片、排版设计、内

容特色。我发现，由大版块到小栏目，很多杂志的基本结构框架都是相似的。找出这个结构框架以后，我做了个简单的归纳，整理出我要做的海归杂志的版块，设计了栏目初稿。

我为杂志设置了几大版块：版块一，海归政策。海归们可以通过这本杂志，了解到深圳市政府能为海归人员提供哪些优惠福利政策。这一部分的内容可以通过网络来搜集整理，我自己就可以完成。版块二，人物访谈。每期杂志采访两位优秀的海归企业家，通过他们的人生故事，来鼓励当下的海归青年们。版块三，生活资讯。为海归青年们介绍深圳当地的衣食住行、吃喝玩乐等方面的讯息，帮助他们尽快熟悉归国后的生活。版块四，慈善公益。很多海归都热衷于公益事业。我决定找相关的公益组织合作。版块五，活动预告。介绍我们协会为海归举办的相关活动。版块六，时尚潮流。跟海归们分享时尚潮流、明星穿搭、国外风尚，等等。

框架初定后我发现，要完成这本杂志，工作量是巨大的，至少需要三个人协助我完成。首先，我需要一位专业的编辑，这位编辑要有采访经验，能做人物专访。第二，我需要一位杂志设计师，帮我完成设计工作。第三，我需要一位美编，完成杂志的排版设计、颜色搭配、图片选择等。这么多事是我一个人完成不了的，我需要团队。可是，那个时候海归协会刚创立，我们没有足够的资金去组建团队，招揽人才。所以，只要是我能做的，我都尽量自己做。只是其中的"人物专访"，是需要专业的采访者来完成的。我们采访的企业家都是行业内非常有影响力的企业家。这个版块非常重要，必须得写好。

我决定用全部的诚意去"感召"优秀的小伙伴加入我的团队。我看中了一位叫Gordon的男孩子。他毕业于中国传媒大学，之后去美国加州大学攻读了传媒硕士，现在是一本知名财经杂志的编辑。他的文笔非常好，只是他性格内敛，平时话不多。我了解到，他非常热爱篮球，平日里唯一的爱好就是篮球。因为最喜欢的篮球明星是乔丹，所以他的英文名也叫Gordon。我想，如果Gordon能加入我的团队，那就太完美了！首先，他的本职工作就是采访优秀的企业家，他有很多采访经验；其次，他本身是海归，能以海归的视角来剖析问题；第三，他任职于专业的杂志社，可以给我们这本小杂志提供很多宝贵的建议。可是，他现在的工作很稳定，而且我们也付不起足够的工资聘请他，该怎么办才好呢？但无论如何，他都是我心中最完美的人选。我决定约他出来聊聊。

我们约在办公室旁边的咖啡厅，聊了大概一个小时。我对他说："Gordon，我知道你现在的平台特别好，工作也很忙，让你全职来加入我们不太现实，但我们团队真的特别需要你这样优秀的编辑，你看能否兼职加入我们，每个月完成两篇人物采访稿就好。"Gordon想了想，问我薪水待遇是多少。其实当时我们的待遇很低，肯定满足不了他的要求。于是我跟他说："我知道你喜欢乔丹，正巧今年年底乔丹会在深圳湾体育场举办一场粉丝见面会，我帮你拿一张门票吧，满足你一个心愿。"Gordon听到这个消息，乐开了花儿，于是爽快地答应了。

邀请到杂志最需要的优秀编辑，我心里的大石头放下了一块。但还有一个问题没解决，那就是我并没有乔丹粉丝见面会的门票。但是，我一定要拿到，因为我答应了Gordon。于是，我通过多方努力，找到了乔丹粉丝见面会的主办方。我承诺他们，送一个海归杂志的广告位给他们，希望能置换活动门票。在我的努力沟通下，对方终于答应了。于是，我就用我能支付得起的工资，加上乔丹粉丝见面会的门票，让这位优秀的编辑加入了我的队伍。

Gordon的加入，让我的杂志编辑工作进展很顺利。不过，新的问题又接踵而至。这本中国第一本海归杂志，不能没有大牌广告的"加持"吧？我去翻找知名杂志，发现很多杂志的封底都是奔驰、宝马、保时捷这样的大牌汽车广告。可是我们这样刚刚起步的小杂志，怎么才能让大品牌跟我们合作呢？我再次陷入了困局。

正巧那个时候，我有一个朋友要去买车，她说想买奔驰。我说，我陪你去吧。于是，我们来到了奔驰4S店。接待我们的店员很热情，很希望我朋友快点下单。我拉住朋友说："你帮我一个忙，好吗？"朋友问："怎么了？"我说："你跟这个销售说，让他介绍奔驰市场部经理给你认识，然后我们去拜会一下。"朋友就按照我交代的做了。我和朋友在销售的引荐下，见到了奔驰的市场部经理。一见到这位文质彬彬的经理，我就上去做了一番自我介绍，告知她我的来意，希望奔驰能赞助我们这本海归杂志。这位市场部经理说："唐小姐，我什么也没有看到，杂志也没有样本，您只是给我一个ppt，就让我投你们广告？"我回答说："陈经理，您想一下，假设您投入五万块钱到其他大众媒体，看到的人虽然很多，可是您的目标受众，可能才几十个。而我们这本海归杂志的读者都是优秀的深圳海归创业者，他们全部都是您的核心目标客群。钱要花在刀刃上，我相信我们一定会为您创造价值。"在我一番激情洋溢的"演说"下，这位陈经理被我打动了。她说："既然你这么有信心，那我就支持你，希望未来我们可以建立更多的合作。"于是，我人生中第一本杂志，就有了奔驰的加入。

这两件事完成以后，会长对我刮目相看。其实，我之所以能做到，原因只有一个，那就是——专注于自己的目标。在实现目标的过程中，心无旁骛，全神贯注，专心致志，使命必达。我每天的所思所想，没有别的，全是如何完成任务。

顺境可以让人快乐安逸，但是真正使人成长的，一定是困境。这个世界上所有勇敢的人，都是从困境中走出来的人，所以我从来不害怕困难。当困难来临时，我关注的重点都在寻求解决办法上。当我把焦点放在解决办法上的时候，就会感觉困难已经不再是困难，我对突破困境充满了信心和力量！就像稻盛和夫先生所说的："努力到无能为力，老天爷也会助你一臂之力！"

精彩的人生其实就源于深度的尝试。困境之于"专注力"，是试金石，更是源源不断的能量源泉！

安妮说

　　唯有经历困境，才能彰显勇敢。我从来不害怕困难。当困难来临时，我关注的焦点只有一个：解决困难的办法。当我把焦点放在解决办法上的时候，就会感觉困难已经不再是困难，我对突破困境充满了信心和力量！

听所有人的话，做自己的决定

:
,

从小到大，我都很羡慕那些能自己做主的人。或许是由于性格原因，我做任何事情，都喜欢请教别人的意见。小的时候吃零食，我会请示父母，待父母同意后，我才敢吃；长大了以后，穿什么衣服，戴什么头饰，也由妈妈来帮我选择。后来发展到念哪所中学，选什么专业，都要问长辈，长辈如何建议，我就如何做。待我结婚以后，我就开始问先生，买多大的房，选什么牌子的车，孩子叫什么名字，都由先生来决定。我认为自己是一个不太会做决定的人。

在职场上，以前的我也是不能独立做主的人。2009年，当时我还在一家上市公司做总裁助理，工作稳定，待遇丰厚。我在行政部门，协助领导处理一些公司内部的工作。上班时间很稳定，朝九晚六，很少加班。每天准时打卡上班，准时下班，感觉生活很平静，没有什么涟漪。一眼望去，甚至可以看见十年后的生活状态。这家公司很多同事都在这里工作了十几年，有的甚至工作了一辈子。元老级的员工比比皆是。每逢过年过节，公司就给我们发购物卡。每次拿到这些福利，我都会送给妈妈。妈妈很骄傲，她觉得女儿这份工作很好，看上去体面，福利又丰厚。加上领导又特别赏识我，所以她非常开心，恨不得我一辈子都在这家公司做事，永远不要离开。妈妈经常在人前人后夸奖我，说她有一个在上市公司当总裁助理的能干的女儿。

虽然在这家公司工作起来游刃有余，可我总觉得人生少了点什么。我的工作内容是固定的。在大企业，每个人都在自己的职责范围内完成相应的工作任务。我所在的这个部门是行政部门，与内部同事打交道的时候比较多，很少有对外交往的机会。我完全可以预估十年后的人生状态：按时上班，准点下班，每天打卡。工作日等待周末，平时等待放假。人生就在各种无聊和期盼中度过。这种一成不变的生活是我想要的吗？我开始疑惑了。

一次偶然的机会，一位初中同学创立了一个海归组织，邀请我去当秘书长，就是现在的深圳市海归协会。我以前在初中的时候就是搞社团的，那个时候，我是学校学生会外联部部长。高一时，我当了学生会主席；到了高二，我又当上了文学社社长和广播站站长。总之，学校里能当的"官"都被我当遍了。我的同学知道我热衷于社团，喜欢与人打交道，也喜欢做社会活动，加上我性格随和，形象乖巧，他认为我很适合当海归协会的秘书长。不过，他跟我说的时候，我刚结婚不久，正准备稳定下来生孩子。当秘书长到底要做什么，我也没搞清楚，所以刚开始没有答应他。但这位同学是我认识的人中最有坚持精神的，他不断地联系我，与我沟通，一直不肯放弃，让我答应和他一起做海归协会。我虽然比较容易受人影响，但是在重大决定面前，我还是比较保守和谨慎的。在人生方向的选择上，我不会轻易做决定，但一旦决定了，就不会轻易改变，而是会破釜沉舟，义无反顾。

我决定问问身边的亲朋好友，如何看待我离开上市公司去做协会这件事。第一个人，我问的是我妈妈。她是那种典型的传统居家女性，她觉得女孩子要知足，有一个铁饭碗，有很多时间相夫教子，每天打扮得美美的，轻松开心地过一辈子，就是女孩子最好的状态了。像我这样，工作稳定，待遇丰厚，还是上市公司的总裁助理，多少人羡慕，还辞职？想都不要想。妈妈坚决不同意，甚至甩出狠话："你要是辞职，我就和你断绝母女关系！"她的态度十分坚决，甚至用母女关系来威胁我，让我断了辞职的念想。

第二个人，我问的是我先生。那个时候我刚结婚，正想安下心来，回归家庭，孕育宝宝。还好，先生是从加拿大留学回来的，思想比较开明。他问我："你信任你这个同学吗？"我回答："挺信任的，我们认识十几年了，他很靠谱的。"他又问："那你喜欢现在的工作吗？"我想了想，回答："还行，不能说很喜欢，但是也不讨厌。不过，我感觉没有激情，现在就能预测未来十年的样子，挺无聊的。"先生笑了笑说："那你觉得，如果你离开了这家上市公司，给自己一个机会去做协会，假设三年以后失败了，你还有机会回上市公司吗？"我坚定地回答："我觉得以我的能力，应该没问题！"他笑了笑说："那你就去吧，我支持你！我觉得你的性格挺适合做协会的。做协会就是与人打交道，这是你的强项。而且做协会的可能性非常多，万一以后做好了，你的人生就是另一番景象了。"好不容易，得到了一票赞成票！先生的支持，给了我莫大的鼓励。

第三个人，我问的是我在上市公司的同事。她也是我这个部门的上级，跟我的私人交情特别好。她叫Amy。Amy在这家企业待了十五年，自从她大学一毕业就加入了，是我的老前辈。她的先生也是公司不同部门的同事，据说是在一次公司内部的联谊活动中认识的。后来通过两人的努力，在深圳买了车，买了房，生活稳定，看起来很幸福。于是我问她："Amy，你有想过换工作吗？"她回答："换工作？我从来没想过，我觉得在这里工作挺好的啊！朝九晚六，虽然有的时候很辛苦，不过到哪里不辛苦呢？我觉得都一样。做生不如做熟。"于是我又问："那如果现在有一个机会，去做一个新的平台，做得好可能前途无量，做得不好可能竹篮打水一场空。你会尝试吗？"她斩钉截铁地告诉我："不会。我觉得女孩子嘛，安稳一点就好了，何必那么折腾？有吃有住，还有老公疼，这样不挺好的吗？如果换工作了，就不见得能找回这么稳定的工作了。你还是别多想了，知足吧！"她把我的想法否定了。

第四个人，我问了我闺蜜Vivian。Vivian是一位澳洲海归，之前在一家上市公司工作，后来辞职自己去创业了。我把我想辞职去做协会的事儿告诉了她。她异常激动，举双手支持我。看我还在犹豫不决，她就问我："你到底有什么放不下的呢？"我说："我觉得现在挺稳定的，如果我辞职了，万一协会做得不好，我还能找到这么好的工作吗？"Vivian鼓励我说："如果你是怕以后找不到更好的工作，我觉得你可以放一万个心。你如果出去创业做协会，你的资源会越来越多，你会有各种各样的选择。可能以后就不是你找工作了，而是工作找你。如果你错过了这个机会，你可能一辈子都只是上市公司中的一颗'螺丝钉'。"闺蜜的话很有力量，又一次让我陷入了沉思。

这几个我生命中很重要的人给我的建议，实在让我很为难。从小到大，我都喜欢听别人的，很少自己拿主意。这次换工作，是我人生中的一个转折。选对了，我将走上前景更好的路；选错了，我可能会失去现在这样平静的生活。我纠结了很久。但是，我想，这个世界上谁能为我的人生负责任呢？能为我的人生买单的人，只有我自己啊！不管别人怎么说，都只是"建议"而已。我真正在意的，是我自己究竟想要什么。我无数次地问自己这个问题。最终，我想明白了一件事，那就是——在上市公司当总裁助理这种一成不变的工作，不是我想要的。我决定辞职，和我同学一起去做协会。不管前途如何，我都想要试一试。

通过我自己的亲身经历，我知道了：人生不是用来固守的，是用来打破和拓宽的。这个时代已经没有所谓的"铁饭碗"了。一成不变才是最大的风险。只有迎接变化，在挑战和竞争中求生存，才能获得机会，取得胜利。我很庆幸自己当时没有选择轻松与安逸，而是选择了挑战。我听了所有人

的话，最后，做了自己的决定。因为我知道，除了我自己，没有任何人能为我的人生买单！

✦

安妮说

　　人生不是用来固守的，是用来打破和拓宽的。这个时代已经没有所谓的"铁饭碗"了。一成不变才是最大的风险。只有迎接变化，在挑战和竞争中求生存，才能获得机会，取得胜利。

世界上没有特别的工作。化"寻常"为"特别"的，是你完成工作的方式。

第二章

寻找价值缺口：完成工作的特别方式

特别的完成方式，创造特别的"惊喜价值"

:
,

    去年海归协会招聘的时候，有一个小女生来我这里面试，想应聘活动策划的岗位。她的名字叫作子茵，名字听上去很柔美，但人看起来可不那么温柔，说起话来还带着几分咄咄逼人的味道。加上她的穿着打扮，很像有钱人家的娇小姐，一副不太能吃苦的样子，所以我最初并不太想考虑她。我需要的是能"打仗"的战友，不是温室里的花朵。再者，几轮面试下来，我感觉她不是那么有亲和力。我最注重的品质，就是要有团队精神。这个女孩子看上去特立独行，我很担心她跟其他同事合不来。谁知，她好像认定了我这里，坚持不懈地通过不同的渠道来跟我沟通。我被她的这份韧劲儿打动了。心想：既然她这么想来这里，就让她试试吧。记得有一位前辈曾经跟我说过："不要用你喜欢的人，要用喜欢你的人。"也许，她能为团队带来惊喜也说不定。

高绩效心智

那段时间，我们刚好承接了政府的一个大型活动，于是我就安排助理Jason全权负责这个项目。Jason做了三年的政府活动，对整个流程和项目的把控都非常熟悉。这个项目交给他，我十分放心。没想到，天有不测风云。Jason在活动前两周出海游玩，不小心腿部骨折了，需要在家静养一个月。这可怎么办？时间这么紧张，让我到哪里找人代替他？再说，能有人可以代替他吗？我想想都头疼。

正在我一筹莫展的时候，子茵站了出来。她毛遂自荐，希望能做这个项目的总统筹，并且坚定地说，她会全力以赴的。我打量着这个小女生，疑惑地问她："你从来没有做过活动，你有信心保证活动不出问题吗？"子茵信心满满地说："安妮姐，我觉得我没有问题。虽然我从来没有做过活动，但是我愿意尝试。我保证我能够做好，请你给我这个机会！"我虽然对她的能力还不尽知晓，但我被她的勇气和自信打动了。我想：不如让她尝试一下，如果遇到了困难，我从旁协助一下，应该不会出什么岔子。于是，我同意了。

就这样，刚进协会不到一个月的子茵，承接了我们每年最重要的项目之一。说实话，不只是我，所有人都为她捏着一把汗。毕竟，项目那么重要，她的经验又那么少，她真的能做好吗？但是，秉着"用人不疑，疑人不用"的态度，我一直说服自己，全然信任她，让她放开手脚，大胆去做。

子茵自从接手这个项目，就表现得非常积极和努力，工作起来甚至没日没夜。每天，最早到办公室的是她，最晚离开的也是她。她经常跟我汇报项目的进度，让我及时了解项目的情况。我渐渐发现，这小丫头很机灵懂事，和她给我的第一印象实在相差太大。后来，在推进项目的过程中又发生了一件事情，让我对这个小丫头刮目相看。

一天深夜，已近零点，我正准备上床睡觉，突然接到一个电话，是与我们合作的设计公司的老板David打来的。"这么晚了，找我有事？"我问。David在电话那头用恳求的语气说："安妮呀，能不能叫你的同事赶紧回家，现在都几点了，她一直待在我公司，逼着设计师今天出方案。我都说了，明天一定给她，但她死活不肯。说如果今晚不出，谁也不能回家……我们的设计师都快被她逼疯了。"我听了十分惊讶。很多时候下属加班，都会用各种方式"知会"领导，好让领导知道自己有多辛苦。像子茵这样，自己一个人默默跑去设计公司加班的情形，还真是不多见。但同时，我也能理解子茵。因为第二天就是星期五了，如果星期五出方案，赶上周末放假，就完全没有修改的时间了。如果方案能今晚出，星期五即明天还可以修改，那我们在周末之前就能定稿，这样能节省不少时间。

不过，David都打电话来了，我还是要了解下情况。于是，我打电话给子茵，果然，她的解释和我想的一样。我跟她说，差不多就可以了，还是早点回家吧，一个女孩子太晚回家怕不安全。她告诉我，马上就做完了，希望我能支持她。我说，好。我又联系David，告诉他：马上就做完了，请他的设计师配合一下。等做完以后，我请大家吃宵夜。

这件事之后，我对这个小女生有了新的认识。外表看上去好像不能吃苦，没想到做起事来那么执着，真是人不可貌相。以前是我太武断了。后来，又发生了一件事，更给了我特别的惊喜。

我们这次活动要邀请四位重量级嘉宾来深圳做演讲，一位是中国人，一位是美国人，一位是日本人，还有一位是德国人。子茵负责全程接待。起初我是挺担心的，我怕她安排得不好。这些都是非常重要的嘉宾，我们的接待水准，会在一定程度上影响嘉宾对深圳市的印象。所以，我时不时地就会问：嘉宾安排得如何，接送顺利吗，住得怎么样，用餐情况如何。子茵都自信地告诉我："安妮姐，不用担心，一切顺利。"

正如她所说的，真的一切顺利。活动举办的那天，由于准备得比较充分，基本上没出差错。看到一切都按部就班地进行着，我心中的大石头终于放下来了。

活动结束后，我们送嘉宾们去机场，子茵负责最后这个流程，她也顺利地完成了。晚上回到家时，我已经累得不想动弹，一直绷着的神经终于松懈了下来。好在一切顺利，我想。这个时候，嘉宾们应该已经上飞机了吧？我正沉浸在自己的思绪中，突然，短信的铃声响了起来。

四位嘉宾陆续给我发来了感谢的信息。

中国嘉宾李晨："唐秘书长，您好。感谢您这两天精心的安排，我已经在飞往北京的飞机上了。你们组委会实在是太细心了，全程受到这么悉心的照料，让我很是感动。感谢组委会还给我准备了荔枝，我特别爱吃荔枝。哈哈！"他附了一张照片，照片中有一张感谢卡，上面以我的名义写着对嘉宾的谢意。卡片旁边还有一箱荔枝。看到这些东西，我惊呆了：我并没有安排人这么做啊，难道是子茵安排的？

美国嘉宾James："Thank you for your warm reception this two days. Your assistant is super detailed and amazing.I am on the way to the airport. She not only arranged the Hong Kong-Shenzhen commute but also prepared a Chinese souvenir for me. You guys are really a wonderful team."（非常感谢您这两天悉心的接待。您的助理太细心了，我已经在前往机场的路上，

她不但给我安排了深港两地车，还给我准备了中国伴手礼，你们真是一个非常优秀的团队。）James收到的礼物，是一盒茶叶。

日本嘉宾翔太："この度大変お世話になりました！誠にありがとうございます！将来的に一緒にお仕事ができましたら、有り難く存じております。アシスタントからぜひ感謝したいと伝えて欲しいと。"（感谢您和您的团队这两天悉心的安排，希望未来有机会多多合作！您的助理要我一定要感谢您。）他收到的礼物是一把折扇。

德国嘉宾Andreas："Dankefürihre gut Betreuung, dankefür das geschenk.SiesindAusgezeichnete。"（感谢您的悉心安排，谢谢您的礼物。你们太优秀了。）他收到的礼物，是一对瓷器。

原来，子茵给每位嘉宾都准备了感谢卡。感谢卡都是用两种语言来写的，一种是中文，一种是嘉宾的母语。她还以我的名义代表协会，为嘉宾们准备了不同的礼物。这种安排实在是太细心了，真是让我十分惊喜。

这些事让我对这个小姑娘肃然起敬。我工作这么多年，接触过很多人，也带过很多人，但像子茵这样能不断给我惊喜的人，实在少之又少。如果说，我对她的期待值是60分，她却完成了120分。不仅远远超出了预期价值，还创造了"惊喜价值"。

一个优秀的员工，不会问"为什么"要做，而是会想该"怎么做"。而一个卓越的员工，不仅会想"怎么做"，还会调动自己的全部热情，把这件事"做得更好"。子茵就是这样一个能为团队创造特别的"惊喜价值"的人。她的话不多，但她用行动证明了，她是一个能担负重任，并且能超越预期的人。我为自己能拥有这样一位"永远令人惊喜"的助手而感到无比幸运和自豪。

安妮说

一个优秀的员工，不会问"为什么"要做，而是会想应该"怎么做"；而一个卓越的员工，不仅会想"怎么做"，还会调动自己的全部热情，把这件事"做得更好"。

高绩效心智

填补价值落差：你能为"大咖"创造什么？

:

,

　　我有一个姐姐，她是中国著名的媒体人，她每天的工作就是采访名人。被她采访过的"大咖"都很有分量，比如马云、雷军、马化腾、杨澜。我很羡慕她的工作，觉得她的工作特别棒——能结识那么多厉害的人，还能和他们成为朋友。那样的人生应该很有意思吧！一次，我和这位姐姐聊天，我说："姐姐，我好羡慕你啊，能认识这么多优秀的人。你平时会和这些大咖们互动吗？"姐姐摇了摇头说："妹妹，我和那些大咖不是朋友，他们只是我的客户，我们只有业务关系。如果他们不联系我，我是绝对不会联系他们的，没有这个必要。我的逻辑是，不是一个阶层的人，就不要一起玩。我只跟和我一个阶层的人做朋友。"姐姐的这番话，虽然让我有些不解，但同时，也深深地印在了我的心里。

"不是一个阶层的人，就不要一起玩。"这句话听起来，貌似很有道理。

由于我的工作性质，我经常会接触一些优秀的企业家，其中很多都是上市公司的大老板。以前遇到他们时，我总是会想起姐姐的那句话，于是，我就躲得远远的，甚至希望他们不要看到我。因为我觉得自己太渺小了。我有什么资格，能得到大咖们的认可和称赞呢？所以我还是识趣点儿，扮"隐形人"比较好。

好长一段时间，我都秉持着这种心态，做一个隐形人。

后来，一次偶然的机会，我们组织了一个考察团，去拜访一家知名的物流集团。这个集团的创始人陈董事长非常有魅力，不但人长得帅气精神，为人还特别低调谦和。他不但全程陪同，与我们坦诚交流，临别的时候，还给我们每个人发了一张他的个人名片。他递名片的时候，都是用双手，一个人一个人地亲自递上，还一直真诚地说："很高兴认识您。"我收到名片一看，上面竟然有他的手机号码。当时我想：这样的大老板，应该不会留自己的私人手机号吧，可能是助理的或者秘书的吧。这样的情况并不少见，我当时也不以为意。

过了不久，我的新书出版了。我想起陈董事长，很希望能

　　　　　　　　　　　　　高绩效心智

寄一本书给他。可是我有点儿害怕，他要是不理我该怎么办？贸然联系他，他可能连我是谁都不知道；不联系他，我就把认识他的机会主动放弃了。该怎么做才好呢？我心里犹豫不决。最终，勇敢战胜了怯懦，联系他的念头变得越来越强烈。我找到陈董事长的名片，给他发了一条短信。我说："陈董事长，您好！我是深圳市海归协会的秘书长安妮。去年有幸在您的公司与您有过一次会面。我最近写了一本新书，很想寄给您，希望得到您的建议和指正。可以麻烦您提供您的收货地址吗？非常感谢。"

发完这条短信，我并没有抱太大希望，心想："随缘吧。即便这条信息如石沉大海，我也总算勇敢了一下。"几个小时过去了，我都没有收到他的回复。我觉得他是不会回复我了，心中的念头也渐渐变得微弱下来。没想到，过了一会儿，他竟然回复了！他发送了一个微信二维码，是他的微信号。我立刻加了他的微信。我特别激动，对他说："陈董事长您好，非常感谢您加了我，能与您交流实在太开心了！我真的希望有机会向您多多学习，谢谢陈董事长。"他回复了一个笑脸。就这样，我们攀谈起来。我对陈董事长说："陈董事长，您知道吗，我觉得您很像稻盛和夫和王阳明，在您身上，我看到了榜样的力量。您的物流集团是一家伟大的企业，是我们中国的希望。"陈董事长发了一个害羞的表情说："你言重啦，我比他俩差远了。"

就这样，我们偶尔会聊天。我知道陈董事长佛学造诣很深，所以经常会向他请教一些佛学问题。后来，陈董事长还请了一套经书送给我，让我好好学习。我是一个很喜欢看书也很喜欢写分享的人，有的时候，我会把自己写的读书总结和分享发给陈董事长，他也偶尔会给予评论。看到一些不错的文章时，他也会转给我。

有一年过年，我要寄一些年货给老家的亲戚，但年前的工作实在太忙了，一直没有挤出时间来整理。等我忙完，已经到了农历二十九。我记得陈董事长曾经说过，他们集团是过年也不休息的。于是，我赶紧打电话给客服预约提货。但是客服回复说：不好意思，今年不收货了。我问："为什么，往年都收的呀！为什么今年就不收了呢？"客服没有再解释，只说是公司的规定。我心急如焚，因为已经跟老家亲戚约定好了的。万般无奈之下，我只好给陈董事长发了求助信息："陈董事长，不好意思打扰您。我有一批年货要寄给老家的亲戚，我知道今天已经是腊月二十九了，但我真的很希望能把东西寄回去。可以请您帮帮忙吗？"没想到，陈董事长迅速回复了我："可以的，我帮你安排。"不到一个小时，客服就联系我，安排工作人员前来收货了。第二天，我的年货就到了老家的亲戚手中。

我心中十分感激陈董事长。后来，陈董事长还一直跟我道歉说："不好意思啊，快递爆仓了。其他快递都不收货了，我们的压力实在太大了，所以也不敢收了，给你造成困扰了。"陈董事长那么诚恳，让我特别不好意思。因为真正抱歉的人，应该是我啊！就为这点小事儿，还要去麻烦人家。不过，从这件事上可以看出，陈董事长真的是一位非常亲和、非常接地气的企业家。

通过与陈董事长的交流，我发现，其实我是有能量与大咖互动的。在我看来，任何大咖都不会拒绝高质量的粉丝。首先，我要保证自己是"高质量"的，是充满正能量和使命感的。人都是容易被感染的。我相信我的能量会感染他们，让他们知道，安妮其实也是很优秀的。其次，大咖也需要我们发自内心的赞美。以前我不太喜欢赞美别人，我觉得很虚伪，好像目的性很强。可是赞美陈董事长的时候，我是发自内心的。当我真心赞美他，表达对他的敬佩的时候，我们之间的距离就渐渐拉近了。再次，要放弃习惯性的"我以为"。我以为他不会理我，我以为他看不上我，我以为他会把我删了……其实这些"我以为"，都是我自己在画地为牢，是我的不自信、不勇敢导致的。人生在于一次又一次地不断尝试，联系一下又会怎么样呢？大不了他们不回复而已。万一他们回复了呢？我们岂不是又多了一次与大咖交流的机会？

现在的我，已经不会再惧怕与大咖们交流了。每次遇到大咖，特别是那种高高在上、看似难以接近的人，我都会问自己一个问题："我能为他做些什么？我能为这段关系创造些什么？"我不希望自己再做一个隐形人，我要做一个有影响力的人。一个有影响力的人，不会只在意别人说自己好不好，而是会问自己："我想要的是什么？我能为别人做些什么？我又能为这个社会做些什么？"不是一个阶层的人，就不要一起玩，这句话在我这里不成立。虽然阶层不同，但是我们可以努力提升自己的境界，使境界相同。

所以，最核心的事，是要让自己成为一个优秀的人，一个有能量的人，一个能为社会创造价值的人。你优秀了，自然有对的人与你并肩。走近大咖，已经不再遥不可及了！

　　我不希望自己再做一个隐形人，我要做一个有影响力的人。一个有影响力的人，不会只在意别人说自己好不好，而是会问自己："我想要的是什么？我能为别人做些什么？我又能为这个社会做些什么？"

需求的背后藏着什么？

：

，

　　我是一个特别喜欢学习的人，这些年也上了不少课程。大概两年前，我遇到了一位很有爱的老师，他叫丁老师。当时我正处在人生低谷，一切似乎都不顺利。丁老师没有放弃我，他一直支持我，鼓励我。本来对未来感到希望渺茫的我，在丁老师的指导下，渐渐觉得我可以将人生经营得更好。只要一心向善，成人达己，一切都会越来越好的。跟丁老师学习了一段时间以后，我发现自己越来越有目标，方向感越来越清晰，内心的力量也越来越强大。外在最明显的变化，就是我的语速越来越慢了。丁老师说，语速变慢了，表示你内心的力量变强了。身边的小伙伴们也都感受到了我的变化。大家都说，以前的我就像一挺机关枪，自己噼里啪啦讲了一通，完全不考虑身旁是否有人，以及身旁的人是如何感受的。一句话，以前的我就是"目中无人"！经过两年多的学习，现在的我，完全变成了另外一个人。我说话的节奏越来越平缓，脸上的笑容越来越多，也能认真地倾听别人讲话。我变得更谦逊、更柔软，也更真实、更有温度了。

好姐妹莎莎也感受到了我的变化。我们认识十年了，她也是一个特别爱学习的人。有一天，她约我吃饭，想知道我到底做了什么，令整个人的变化如此之大。我们约在一家安静的咖啡厅。见面以后，莎莎说："安妮，我觉得你变了好多，以前的你都不会像现在这样和我喝咖啡。以前你给我的感觉就像是个机器人，每天都忙成一团，我都不敢约你。现在感觉你慢下来好多，如今坐在你旁边，我一点儿压力也没有，感觉很舒服。说真的，你是怎么变成现在这样的？"

"我最近上了一个课程，对我的帮助很大。"我说。我知道，莎莎很喜欢上课，她是我认识的朋友当中课上得最多的。她上过各种各样的课程：有关于个人成长的，有关于企业管理的，还有关于心理学的。而且，莎莎只上最知名的学校里最知名的老师讲授的最知名的课程。她经常飞到世界各地去上课，不问价格，只问这个老师是不是全球顶尖的。这些年，她上课的钱，可能都花了几百万。这一点，我很佩服她。我认识很多家庭条件优越的女孩子，因为条件好，就每天享乐，虚度人生。像莎莎这样努力上进的，真的寥寥无几。莎莎从没有因为自己是含着金汤匙出生的，就放弃个人努力，她一直行走在成长的路上。

"什么课程啊？老师叫什么名字啊？"莎莎问。

"他是丁老师，曾经是许多国际知名企业的企业教练。"我回答道。

"丁老师？没听过。我从来不上不知名的课，我只上最好的课。"莎莎一听这个陌生的名字，就把这个课程否定了。

我说："莎莎，你知道吗，这个世界上有两种老师——一种像李开复、马云、马化腾这样的大师，他们很有名，也很有影响力。可是你跟他学了三年，他可能连你姓什么都不知道。他们永远高高在上，是一个领袖，而你永远是他的小粉丝，在台下为他欢呼，仰慕他，膜拜他。另一种老师，可能是丁老师，也可能是王老师、陈老师，他们名不见经传，但他们会告诉你：'莎莎，你不需要知道我是谁，这个世界也不需要知道我是谁。我只要知道，莎莎是苹果，安妮是柠檬。我的任务就是把莎莎变成最美、最甜的苹果，把安妮变成最酸、最爽的柠檬。我就是来成就你们的。'亲爱的莎莎，我再也不想去膜拜和追随任何人，我希望别人来成就我，我希望自己就是一个明星。所以，我选择丁老师。"

看着我认真的神情，莎莎被我打动了。她答应和我一起去上课，当天下午就报了名。刚开始上课那两天，莎莎频频看手机，总是提前离开教室。我看她一副心不在焉的样子，不知道发生了什么事。丁老师注意到了这个情况，他联系我，略微咨询了一下莎莎的情况，然后调整了一下课程结构，对莎莎也多了一些关注。下课以后，丁老师特意去找莎莎沟通，了解她的需求是什么，她到底想要什么。丁老师和她聊完之后，莎莎有了一些变化，她越来越进入状态。之后的课程里，莎莎总是第一个到教室，下课后最后一个离开。她的笔记记得整整齐齐的，上课认真提问，和同学们的互动也越来越融洽。看到她这么投入，我也很开心。能得到她认可的课程，一定是好课程，因为她上了那么多国际顶级的课程。看到我为她推荐的课程这么有分量，我暗自欣喜了好一阵。

莎莎的课程快结束了。有一天，丁老师组织学生们一起吃饭，我和莎莎也参加了。莎莎从来不喝酒，但是那天晚上，她喝了很多酒。我感受到了她的心情，她是真的开心。丁老师让我们每个人分享上课的感受。我第一个站起来说："亲爱的同学们，我之所以喜欢这个集体，是因为我在大家身上感受到了爱和美好。我知道，无论未来发生什么事，你们都会无条件地接纳我，支持我，爱我。我很感恩能遇见你们。人生路很长，我们一起走，就不会孤单……"正当我热情洋溢地发表感想的时候，莎莎在我旁边哭了起来。我顿时吓了一跳：难道我说错话了？

同学们也都望着她，问她怎么了。莎莎哽咽着说："丁老师，同学们，我今天真的很感动。我这三年上了好多课，都是国际顶级的课程。我好像学到很多东西，好像掌握了很多知识，但是，从来没有人真正关心过我内心的需求是什么，从来没有人问过我到底想要什么。表面上我是在学知识，实际上，我需要的是支持、关心、嘉许和肯定。这个团队给了我很多力量，我觉得我在这里是安全的。我爱你们。"

莎莎的一番话把大家都感动了。我突然发现，上课并不是莎莎最真实的需求，在那后面还有需求，那就是——被认可、被需要和被接纳。很多时候，我们看到的只是她表面的需求，却没有人去探究她内心真正的需求是什么。其实，疯狂上课，又何尝不是一种逃避呢？越是找不到自己，越是疯狂地去寻找。因为心灵需要寄托，灵魂需要被填充。莎莎需要的是一群认可她、接纳她、无条件爱她的人，她只是通过疯狂上课这种方式表达出来而已。

莎莎很认真地学习，成长得很快，不到一年的时间，她已经成了圈子内的一个IP，自己也当上了讲师，去给身边的小伙伴们讲创业。她的事业越做越大。每次见到我，她都会感谢我，感谢我当初说服她一起去上课。她觉得，通过这一年的学习，内心的力量就像一棵小树苗，一点一点在生根，成长。她现在已经不再疯狂上课了。她已经从一个学生，成功转型成一个能影响别人的老师。我很为她的成长感到开心。

　　需求的背后，还隐藏着真正的需求。找到那个需求，才是破解人生困境的密码。

优秀的人，对自己都是残酷的。

第三章

刻意练习：如何成为一个高手

从新手到大师："无知"是一种自知

我是一个很好学的人，只要有学习和自我提升的机会，我都会努力抓住。有一次，深圳市政府组织了一期去北京大学进修学习的课程，给了我们协会一个学员名额。我一看，是去北京大学学习啊，我感觉很兴奋，立刻毫不犹豫地报名了，甚至都没咨询课程的内容，也没关注同行的小伙伴有哪些人。

报名之后，我就一直忙于工作，几乎忘了这件事。直到出发的前两天，我收到课程通知，才看到详细的课程安排和学员名单。我一看通知，顿时傻了眼：原来，这期课程是关于大学毕业生的商务礼仪和个人修养的。除了课程安排之外，还"坑爹"地附着暴露年龄的学员名单——参加课程的一共有五十个同学，只有三个人年龄超过三十岁。其中一个是班主任，三十五岁；一个是副班主任，三十三岁；另一个就是我，三十六岁。天哪！我的年纪最大。其他同学都是大学刚毕业的、二十多岁的"小朋友"。拿着这份名单，我忍不住无语望天：我好歹也工作十多年了，早已熟谙商务礼仪，也自认具备个人修养，还有什么好学的？再说，跟我一起学习的在我看来都是"小朋友"，我觉得自己在他们身上学不到什么了。我都快四十岁了，孩子都上幼儿园了，还跟这些"小朋友"一起上课？实在是太浪费我的时间了。我决定不参加这次课程。

可是，现实已经由不得我了。因为同去的"班主任"，是政府相关办公室的领导，之前就是他发邀请函给我的。当他得知我积极报名去进修时，特别开心，还说到北京可以好好交流学习。如果我就这样退出了，岂不是辜负了他对我的期望？我心中实在很纠结。后来，我想到一个折衷的办法：要不就和"大部队"一起出发吧，等到了北京，我再找理由飞回来。这样既能体现出我的诚意，也不会耽误工作。

于是，我随着众人一起去了北京。这一路上，我都在琢磨着要找什么借口飞回去。刚到北京，还没出机场，我就开始查返程的机票。正犹豫着是当天就走，还是第二天再回去的时候，一个同行的小妹妹跑过来跟我热情地打招呼："请问，您是海归协会的秘书长安妮吗？"我点点头说："是啊。"她说："哎呀，我是您的粉丝啊！真没想到能在这里见到您，更没想到您会和我们一起上课！我真是太惊讶了。"我虽然保持着微笑，但心里更加笃定了"我和他们的年龄、阅历都相差悬殊，所以不适合一起学习"的想法。我心中想要立刻逃离的念头更加强烈了。

不知道是不是上天有意安排的，我们到达北京后不久，深圳就开始刮台风，从北京飞往深圳的航班不是延误，就是滞留或者取消。我想要立刻飞回去的想法是很难实现了。我心里实在郁闷，但又能怎么办呢？既然走不了，我就自己和自己玩吧。我这颗不安分的心，只好在现实面前被迫安定下来。

我们住的是双人标准间，我和一个二十二岁的小妹妹一起住。由于心中盘桓着"不情愿"的情绪，我打定主意一个人安安静静地看看书、写写东西，所以和她没有太多的交流，我也不太想与她交流。一天晚上，她出去和朋友吃饭，十二点了还没回来。我没有她的电话，就自己一个人先睡了。等我睁开眼睛，已经是第二天早上了，小妹妹已经睡到自己的床上了。我心里有点儿惊讶。因为我的睡眠特别轻，特别是和其他人一起住的时候。通常情况下，如果这个妹妹没回来，我就会一直睡不着，直到她回来为止。所以那天晚上，我其实是半睡半醒的，意识里还在等着妹妹回来。可是不知道为什么，她已经睡到自己的床上了，我却全然不知，因为我真的没有听到任何响动。于是我问她："妹妹，你昨天晚上几点回来的啊？"她说："大概一点多吧。""我怎么完全没有感觉到你回来了？"我很好奇。"我怕打扰到你，所以动作很轻。我不敢开灯，也不敢冲凉，我看姐姐白天很累的样子，怕一打开水就吵到你，所以想回到房间就悄悄睡觉，等早上起来再洗漱。"

这个妹妹的一番话把我感动了。她真是一个很善良的妹妹。同时，我也为自己先前的想法感到特别惭愧。我觉得她是一个小朋友，没有什么地方值得我学习，所以连和她交流的欲望都没有。可是反观她的行为，她才是值得我学习的对象。她的无私和我的自私，形成了鲜明的对比。

第二天，课程开始了，一位北京大学的老师给大家讲授商务礼仪。我其实不太想听，因为我觉得我的商务礼仪已经很好了。所以，我特意找了一个靠角落的位置，一边"听课"一边用电脑处理工作。突然，我听到同学们都笑了起来，但是因为我一直埋头于工作，所以完全不知道他们在笑什么。我也没理会，继续工作。过了一会儿，他们又笑了。这时，我才好奇地停下来，想看看大家都在笑什么。我开始观察这个讲礼仪的老师，原来，她一直在讲故事。讲她当老师的故事，讲她曾经因为礼仪不当而发生的尴尬，讲她和她先生的故事。她讲得很生动，也很走心，难怪同学们这么喜欢听。我突然发现，这个老师很厉害，她不是照本宣科，而是结合自己生活中的例子，把商务礼仪讲得如此生动。这是多么神奇的一种能力！

我停止了工作，开始和同学们一起认真听课。在这个过程中，还参与了老师安排的几个练习，大家都玩得很开心。我发现，当我投入的时候，时间并不像我想象中的那么难熬。在每一位同学身上，我都可以看到、听到、学到不同的东西。课程结束的时候，老师说，希望大家能推举一位同学，上台分享一下心得体会。这个时候，大家竟然齐刷刷地邀请我上台。我十分惊讶：这几天，我就是个随时打算溜走的"隐形人"，表现也不突出，怎么会被推选出来呢？老师问大家："你们为什么推选唐同学啊？"这班可爱的弟弟妹妹说："因为她是美女作家，她最有学问和经验。"在同学们的热情鼓励下，我上台分享了我这几天的真实感受。我说得很诚恳。我坦率地告诉同学们，我太自大了，我来的时候就一直想着要溜走。幸运的是，我没有走成，才有了这个与老师和同学们近距离交流的机会。我对同学们说："三人行，必有我师。在座的每一位同学，都是我的老师。"同学们也被我感动了。他们告诉我，其实他们很喜欢我，也希望能更加走近我。

我开始反思自己的所思、所想、所为。从小到大，我都喜欢跟比我优秀的人做朋友。对于那些初出茅庐的小朋友，我很少与其打交道。因为我觉得浪费时间。经过这几天的学习，我发现我太狭隘了。每一个人都有他的长处，都有我可以学习的地方。我知道了：只有自知"无知"，才能永远保持一颗求知的心。

不管是比我优秀的、比我"稚嫩"的，还是比我年长的、比我年少的，都可以成为我的老师。大地之所以能承载万物，是因为它的深厚和它包容一切的胸怀。这也一直是我所向往和追求的境界。

和"小朋友们"上课的这些天，我起码学到了三点。第一，要保持一颗善良的心，尽可能地为他人着想。和我住同一间房的妹妹，就用她的行动给我上了一堂课。第二，要会用故事去"活化"枯燥无味、难以理解的教科书。商务礼仪老师讲的一个个生动的故事，就把同学们一次又一次地逗笑了。第三，真实是最有感染力的。当老师让我上台做分享的时候，我没有讲"套话"和大道理，而是讲了这几天我的真实感受——我想逃跑的感受、我不屑的感受、我对自己的行为感到抱歉的感受。听完我发自肺腑的话，同学们都被感动了。因为当时的我，足够真诚，也足够真实。

我的理想是成为一位大师，一个有影响力的人。而成为大师最关键的是，要自知无知。只有自知无知，才会永远求知；只有永远求知，才会一直对生命保持好奇；只有保持好奇，人生才会有无限的可能性！

安妮说

不管是比我优秀的、比我"稚嫩"的，还是比我年长的、比我年少的，都可以成为我的老师。大地之所以能承载万物，是因为它的深厚和它包容一切的胸怀。

10000 个小时之外，是另 10000 个小时

:

,

　　自从我辞去上市公司总裁助理的职位，加入海归协会，这一做就是十年。我的性格比较执着，有点儿"一根筋"——要么就不做，要么就认真做到底。用一句话来说：有目标，沉住气，踏实干。十年不抬头，一抬头，深圳市海归协会已经做到全国海归协会第一了。这让我很得意。这个成绩证明了我努力的方向是对的，也证明了我是有价值的。协会工作对于我来说已经轻车熟路，团队在我的培养下也日益成熟，我的工作越来越轻松了。但与此同时，以前那种目标感极强，每天都打满鸡血的状态，好像不复存在了。因为一切都感觉so easy（这么容易），我的工作似乎变得毫无挑战了。

　　我是一个忙碌惯了的人，同时，我对自己的要求很高，不容许自己退步。然而，人生就像逆水行舟，不进则退。这种很轻松的感觉说明，我已经没有更高的目标了，或者说，

我正在退步。这让我感到惶惑。正巧有一天，一位优秀的企业家约我聊天。他已经六十多岁了，是深圳一位非常有名望的老先生。他的企业做了四十多年，是中国行业百强企业。这位老先生是一位儒商，他特别喜欢中国传统文化。他说，他的理想就是把中国的传统文化发扬光大。老先生告诉我，现在的人都学佛家、道家，没有多少人在真正践行儒家文化了。他说，他的使命就是把孔圣人的精神传播出去。因此，他们公司每天开晨会都要先拜孔子。老先生说，自己是有天赋使命的，那就是让儒家文化深入人心，深入社会，让更多的人能接受并运用儒家文化，要让儒家文化对这个世界产生更积极的影响。老先生对我说："安妮，你也要有你的使命。"于是我就问："我的使命是什么呢？"他说："你要让海归青年们找到自己的方向，让他们身负正气，走向正确的路。现在太多海归找不到人生的方向了。青年们肩负着未来的希望，你有这个能力，也有这个义务去引领和帮助他们。"这个使命听起来好宏大，我不知道自己有没有这么大的能力和这么大的格局去引领他们。老先生接着说："安妮，你喜欢普通，就可以普通地活着；你喜欢特别，就可以特别地活着。我相信，你是一个喜欢特别的人。你的生命要变得更有意义，才不枉此生。"老先生的这番话触动了我。

我决定好好思考，我到底要如何生活。

做社团这么多年，我还是有所感悟的。真正能服务于会员的，不是具体做了多少事儿，而是在思想上，能给予大家多少正面的、积极的影响。而秘书长正是一个社团的灵魂。真正优秀的秘书长，不仅仅是一个处理事务的秘书长，更是一个精神领袖。他是有灵魂属性的。秘书长应该意识到，自己肩负着天赋的使命，那就是——正心诚意，成人达己。让这个社团的成员们，因为他的存在而变得更好，更爱这个世界。

我通过十年的努力，取得了现在的成绩，让自己成为一个优秀的秘书长。但，这仅仅是一个开始。前路漫漫，我还要走很长的路。仔细想想老先生说的话，我要去引领身边的海归青年，但前提是，我自己要先变得优秀，变得卓越，变得不可替代。我只有成为更好的自己，才能更大程度上去成就别人。在老先生的启迪下，我开始制订自己第二阶段的计划，那就是——把自己变成一个卓越的人。我不甘于平庸，我要变得卓越。

我开始给自己制定目标。首先想想，什么能影响和帮助别人呢？我觉得，是文字和语言。于是我开始每周看一本书，每天晚上写心得，并且把心得分享给身边的小伙伴们，让大家传阅。刚开始有各种阻挠，比如有时工作忙，有时要带孩子，要想每周看一本书，真的很难坚持。但是，要想变得卓越，就要走出舒适区，让自己感觉"不舒服"，这样才能进步。于是，我强迫自己努力看，认真看，如果实在没时间看书，那就听书。一定要保证自己的阅读量。这个习惯在艰难地坚持了一个月以后，终于很好地保持了下来。之后，我开始计划自己写一本书。有了输入，就要开始输出。我从来没有写过书，但我相信我可以完成。书籍是能影响和改变人类的。我计划这本书有三十五个故事，每个故事都是励志的，通过这些故事，传递出我的思想和正能量。我相信，一个有思想的人，一定能形成自己的影响力。一个有思想的人，才能在人群中起引领作用。后来，新书出版了，影响很大。很多小伙伴都跟我说，看完以后很受益，希望我能继续写下去。

除了文字，语言也有很大的能量，能影响和鼓舞别人。于是，我决定学习演讲。制定目标是一件很开心的事儿，但是执行起来，其实还是很痛苦的。我是一个理性思维很强的人，我也不怯场，每次上台讲话，我都喜欢用理性去说服别人。但我的演讲效果总是很普通，不出彩。我决定改变这种状况。于是，我找了一位老师，专门指导我演讲。这位老师讲了很多技巧，最后，他告诉我："说那么多也没有用，你要是真想提高你的演讲水平，只需要做到一件事，那就

　　　　　　　　　　高绩效心智

是——讲满五十场。等你讲完五十场，再来找我，我再告诉你下一步要做什么。"我感觉自己天生就比较愚笨，所以我很勤奋。我从来不质疑老师的观点，我只是百分之百地执行。我开始找各种机会演讲。我演讲的目的就是传播我的价值观和正能量。我希望通过我的语言对身边的朋友产生正面、积极的影响。

刚开始时，依旧是"讲者平平，听者寥寥"。但是，当我讲完第三十八场的时候，奇迹发生了：很多大学找到我，希望我能给大学生们演讲。演讲主题由我定。因为他们听说我的演讲很有正能量，希望我能把这种精神传递给在校的大学生们。

现在，我每年都要给自己制定目标。2017年出书，2018年学习演讲，2019年出第二本书。在我看来，生命的价值不在于活了多久，而在于是否能对这个世界产生积极的影响。固守在自己的舒适区总是轻松的，提升和改变自己都是痛苦的。然而，所有的辉煌和精彩，都是从痛苦中得来的。每一个优秀的人，对自己都是残酷的。

经历了10000个小时的刻意练习，再制定新的目标，经历另外10000个小时。因为我知道，人生，就是用来打破和拓宽的！走出舒适区，让自己有点儿"不舒服"，那才证明，你一直在走上坡路！

人生就像一出戏，没有完美的剧本，但可以有完美的演技。要么不演，要么就好好演。不能拿奥斯卡，也要拿个金像奖。因为，我们要对得起自己的时间。最重要的是，我们要对得起自己的人生！

安妮说

固守在自己的舒适区总是轻松的，提升和改变自己都是痛苦的。然而，所有的辉煌和精彩，都是从痛苦中得来的。每一个优秀的人，对自己都是残酷的。

时间宝贵，学习更重要的能力

:
:
,

　　小的时候，我看过一部纪录片，片子的主角是一个美丽的女孩。她是一个语言学家，会讲五种外语——英语、日语、法语、德语和西班牙语。片中有一个镜头，一直镌刻在我的脑海：这位美丽的女孩，穿着一袭素雅的旗袍站在舞台上，用五种外语向人们介绍中国。介绍完之后，她用中文大声说："请大家记住我，我叫王晓玲。我是一个中国人。同时，我为我是一个中国人而感到自豪。"这个场景真的把我打动了。我深深地觉得，一个女人最优秀的品质，就是拥有令人赞叹的才华。任何外在的物质条件，和她的才华相比起来，都如同浮云。这位会说N国语言的语言学家的美丽形象，深深地印在了我的脑海里。我希望如果未来有机会，我也能成为一名语言学家。这个念头就这样种在了我的心里。

　　有一次，我和几个朋友去一家西餐厅吃饭。在餐厅中央的地毯上，摆放着一台红色的雅马哈钢琴，钢琴旁边还布置着蜡烛和玫瑰花瓣，氛围甚是浪漫唯美。跟我们同行的一个女孩情不自禁地走上前去。她用手轻抚了一下琴键，脸上难掩心动的表情，她坐在琴凳上，行云流水般弹奏了一曲《莫斯科郊外的晚上》。这首曲子太好听了，我们都听得呆住了。认识她这么久，竟然不知道她还有这样的本事。整个餐厅的宾客们也都沉浸在优美的琴声中。加上这个女孩本身颜值就高，在这浪漫的环境中，坐在红色的钢琴旁，她简直就是一个钢琴女神。她弹完之后，餐厅经理急忙过来跟我们打招呼。他频频赞叹，说这位女孩弹得太好了，并且客气地询问，能不能邀请她再弹奏一曲。餐厅经理解释说，今天本来已经安排了钢琴师来为大家演奏，但是那位老师突然生病了。现在冒出来一个"钢琴女神"，他太惊讶，也太惊喜了。在他真诚的邀请下，同行的女孩欣然应允。为了向我们表示感谢，餐厅经理给我们安排了一个特别好的位置，不仅全单给我们打了折，还赠送了一瓶红酒。我们都觉得好开心。因为她，我们都"沾光"了。从那以后，这个女孩就一跃成为"钢琴女神"，在我心中的形象也更加美好了。

因为这件事，我对她无比仰慕。我也好希望自己能掌握一门乐器。从小到大，父母对我的管教一直比较宽松，从没有强迫过我学习。小的时候，我很喜欢画画，但是因为每次画画都会把衣服弄得很脏，所以奶奶不同意我继续学习，我也没再坚持。后来，我学过电子琴，因为感觉很枯燥，又放弃了，导致我现在"一事无成"。其实，我有点儿希望父母当时能更严厉一些。在美国，有一个很有争议的耶鲁大学教授，人们叫她"虎妈"。她对两个女儿的管教出了名的严格。在女儿很小的时候，就逼着她们做了好多事。后来，她的大女儿14岁就在卡内基音乐厅演奏钢琴，17岁就被哈佛和耶鲁大学同时录取，小女儿12岁就成为耶鲁青年管弦乐团首席小提琴手。我那时想，我要是有个"虎妈"该多好啊！我天生就是喜欢被要求的人，可是我的父母偏偏对我的管教比较"随性"。于是，我只能长大以后自己要求自己了。

　　参加工作以后，我也没有忘记曾经的梦想。我要当一名语言学家，我还要学钢琴。不过工作以后特别忙，经常朝九晚九，有时候周末还要加班。特别是有了孩子以后，时间就变得更加紧张了，因为只要有一点点空闲，都要去陪孩子。但是，我始终没有忘记自己的梦想。我的性格是，想到就去做，决不拖拉。于是，我就在工作的同时，报了一个日语班、一个法语班，还有一个钢琴班。就这样，我的生活变得更加丰富和忙碌了。

来看一下我的日程表：周一和周三晚上学日语，周二和周四晚上学法语，周六上午学钢琴，周日全天带孩子。这样算下来，我每周只有周五晚上和周六下午有空儿，连去健身房和美容院的时间都没有了。如果偶尔加个班，那我的计划又要被打乱。不过，我向来喜欢计划和忙碌，我就按照这个日程表来安排我的时间。

刚开始那一个月，我每天都在赶时间：早上要赶紧起来上班，下班以后要赶紧去上各种课。因为老师不等人，如果我迟到，课时费照样扣。下课以后，我又要赶紧回家，因为要回去带孩子。我就这样每天匆匆忙忙地跑来跑去，坚持了两个月。但是我发现，我的日语和法语水平并没有提高。有一次，一个日本朋友请我吃饭，我们约在一家日本人开的小酒馆。菜单上全是日文，服务员也都说日语，这真是在考验我的日语学习成果啊！那个时候，我刚刚学习日语两个多月，本来想"显摆"一下我的日语，可一看那个菜单，我直接"泪奔"了——我一个字也不认识！日本朋友听说我在学日语，用中文问我："唐小姐，您是在学日语吗？您会说什么呢？说来听听吧。"我自信满满地说："今日はとても寒いです（今天很冷哦）。"这位日本同学继续问道："还有吗？"我继续说："今日は本当に寒いです（今天真的很冷哦）。"他直接笑晕了。他以为我是在跟他开玩笑。但其实我学了两个月，真的只会这两句。为什么呢？因为我只有上课的时候才学习，其他时间根本没有练习，因为没时间。

我的法语也同时崩溃了。学了两个月，我发现学不下去了，因为真的太难了。法语的语法，还有阴性、阳性和中性的名词，根本记不住。再加上身边没有法国朋友，学了也没有人跟我练。我平时工作忙，晚上回到家又要带孩子，一个人练口语这事儿，又被我忽略了。所以学了这么久的法语，我只会做个自我介绍："Bonjour, je m'appelle Annie, ravi de vousrencontrer.Merci.（你好，我叫安妮，很高兴认识你。）"

两门外语的学习成果都离预期相去甚远，只有钢琴还稍微"靠点儿谱"。因为我买了一台电钢琴，平时在家里也可以练。有时晚上女儿睡着了，我就开始练习弹琴。为了不吵到邻居，我把声音调得很小，只有自己能听到。不过弹了这么久，也只会弹几首流行曲而已。要想成为大师，估计我还有好长的一段路要走啊！

这种忙碌的生活，并没有让我感觉很开心。我虽然是一个很努力的人，但我的时间也是很宝贵的。几个月过去了，我的日语、法语和钢琴，都没有明显的长进。而此时，我的团队管理出现了问题。一位我培养了三年的会员主任，跟我提出离职。我非常惊讶地问："从什么时候开始，你有离职的想法？"因为我自认为和他的关系很好，对他也很关照。可为什么他会想离开呢？我百思不得其解。他回复我说："安妮，我知道你待我很好。但是我感觉在这里工作没有目标，也没有方向。你经常不在，我不知道未来的路要怎么走，所以，我还是希望去大公司历练一下。"

他的这句话点醒了我。我真正需要提升的，是团队管理的能力。

我的时间本来就很宝贵，在我还没有稳定团队之前，就这样把时间分割得支离破碎，去学习各种与我本职工作不太相关的技能，真的是对时间的浪费。时间要用在刀刃上。我决定开始调整。团队不稳，重点在于领导者。俗话说，没有教不好的学生，也没有带不好的团队。我开始重新规划我的时间。我不再去学日语、法语和钢琴，我开始花时间研究，如何打造高效团队，如何让小伙伴们都找到他们的核心竞争力，并成长为他们想要的样子。

我不再上各类课程，而是花更多的时间与团队待在一起，保证自己每周至少有一半时间待在办公室。我经常找同事们聊天，和大家一起加班。渐渐地，同事们和我越来越有默契，团队越来越稳定，工作效率也越来越高了。时间宝贵，现在我最需要做的，是让自己成为一个合格的领导者，而不是成为语言学家和艺术家！

安妮说

　　一个女人最优秀的品质，就是拥有令人赞叹的才华。任何外在的物质条件，和她的才华相比起来，都如同浮云。

每天15分钟，主动远离舒适区

:
,

　　我做协会已经十年了。不知道是协会的性质问题，还是我的管理问题，我们团队的人员流动性特别大。好不容易招聘到合适的人，培养了一段时间，可是没过多久就会离职。有一段时间，几乎每两个月就会走一个人。这种重复的培养工作做起来很吃力。我曾经付出过非常多的心力培养过两个副秘书长，希望未来他们可以接手我的工作。结果不到三年，他们就自己去创业了。这种情况让我感觉特别郁闷。海归协会资源多，平台好，接触的人都是企业家，这些小朋友在这里掌握了资源后，就觉得自己有能力创业了，于是都辞职下海了。

　　有一个海归企业家叫Roy，每次见到我，他都会打趣我："唐秘书长，这个月你们又有谁离职啦？"虽然他说的是玩笑话，但是让我心里好不是滋味。因为他说得没错，协会的离职率的确太高了，他说到了我的痛点。每次提到这个问

　　　　　　　　　　　　　　　　　　　　高绩效心智

题，我都感觉心很累。好不容易培养起来的人，没过多久就走了，我又要重新开始。其实，最吃亏的人，是我呀！我决定改变这种状态。我相信，心态变了，状态就会变。我下定决心要稳固团队。

团队军心不稳，最大的问题，在我。我是一个对自己要求很严格的人，同时，我也是一个很努力的人。但很多时候，我只是努力地管好自己，努力地要求自己，对团队却疏于管理和关心，难怪大家一个一个地走。因为他们觉得，我的眼里只有我自己。那我要怎么做呢？带人先带心。我决定花时间去了解他们，走近他们，打造团队凝聚力，让大家真正愿意组成一个集体，然后成就这个集体。

我打算先从我的助理开始。她叫Chloe，是一个很努力、很勤奋的女孩子，只是有的时候有些"一根筋"。我感觉她对我有距离感，不敢走近我。而我也没有真正花时间去了解她。我决定打破这种距离感，让她成为信任我和我信任的人。

一天，我找来Chloe。我问她："Chloe，你的理想是什么？"她支支吾吾地说，自己没有想过。我觉得她可能有顾虑，不太敢跟我说。于是，我坦诚地说："没关系，你想到什么就说什么。我也没有要求你一辈子待在协会，甚至你说你想创业，也没问题。只要是你真正想做的事情，我都会支持你。"她说："安妮姐，我想做自己的品牌，我想开一家婚庆公司。"果然，她也是打算自己创业的。于是我问她："那你打算筹备多长时间呢？你认为创业需要具备什么样的条件呢？"她回答道："我觉得要筹备个两三年吧……我也不是很着急。创业需要资金、人脉资源和能力。"她边想边说。看来，她是认真考虑过的。我说："好的，我明白了。创业需要资金、人脉资源和能力，那对于这几项，你分别给自己打几分呢？最低分是1分，最高分是10分。"Chloe低着头，认真地想了一会儿，然后说："安妮姐，我现在没有很多钱，如果一定要打分的话，资金大概打3分吧。人脉也不是很丰富，可以打4分；能力的话，我给自己打5分。"我说："非常好，请记住你今天给自己打的分数。这将是你未来努力的目标。让我们一起来制订一个3年计划，希望你能逐步实现你的理想。"

那次谈话之后，Chloe更加努力了，每天工作都很认真。每隔一段时间，她都会主动找我聊天，告诉我她现在的分数涨了多少，她需要什么帮助，她做得怎么样。我发现经过这样的沟通和交流，我和她的距离越来越近，我们的心也越来越近。有一次，我的车坏了，想趁出差的时间把车拿去修理。Chloe听说了，主动说她来帮我处理。她开车送我到机场，然后帮我把车开到4S店，到了那里她给我打电话："安妮姐，这里修车太贵了，我帮你开到我家楼下修吧。那间店铺是我家亲戚开的，靠谱还便宜。"我说，没问题。等我回到深圳的时候，她开着修好的车来接我。我一看，真的处理得蛮好的，完全不亚于4S店。我问她多少钱，她说，自己家亲戚修理的，所以不需要支付费用。我们一起回到办公室，Chloe早早就安排同事帮我把空调打开，并在桌上放了一杯泡好的花茶和一盒水果。我说："咦，这是谁安排的？"她回答："是我，安妮姐。我看你出差回来，连家都没回就直接来办公室，一定很辛苦，于是就买了些水果。知道你减肥，所以没有准备蛋糕。"她笑了笑。我突然发现，这个小助理越来越贴心。其实我并没有做什么了不起的事。我唯一做的，就是花时间去了解她，走近她，倾听她的梦想。

有了Chloe这个成功的案例，我决定每天花15分钟，找一位同事聊聊天。我第二个找的人是Coffee。一天下午，我找到他："Coffee，我想跟你聊聊，跟你谈谈你的理想。"Coffee很直爽地说："安妮姐，我挺喜欢在这里工作的。如果你要问我的理想是什么，我希望能提升自己的职位。"Coffee的回复让我很惊讶，原来他希望从业务岗晋升到管理岗。看到他这么有斗志，我真的无比开心。我说："那你觉得，做一个管理者需要具备什么条件？"他说："需要有管理能力，高情商，以及沟通能力。"我说："非常好，那你给自己的管理能力、情商和沟通能力分别打几分呢？1分最低，10分最高。你用分数来评估一下自己现在处于什么阶段。"Coffee回答说："应该都是5分吧。"我说："很好。如果你给自己设定一个时间期限，在这个期限内，要从5分增加到10分，你希望这个期限是多久呢？"Coffee斩钉截铁地说："一年。"于是，我跟他说："太好了！我很开心你对自己已经有了清晰的认知和细致的规划。我会努力帮助你的。让我们一起提升你的各方面能力，让你早日达成你的目标。"

和Coffee沟通以后，他的变化非常大。以前他的性格是比较直率的，想到什么就说什么，经常让同事感觉很不舒服。他为了提升自己的情商和沟通能力，每次与同事说话时，都会先思考一下，再发表意见。他改正了自己的不足，同事们对他也越来越接纳，越来越喜欢。团队的凝聚力越来越强，工作效率也越来越高。

就这样，我每天用15分钟，找同事们沟通。我真诚地关心每个人的目标和梦想，然后告诉他们：我就是来成就你们的。不管你们的目标和梦想是什么，只要是有利于个人发展的，也有利于团队的，我都会努力去帮助你们实现它。渐渐地，我发现，人都是渴望被倾听和关心的。当你开始倾听他们的心声，关心他们的梦想，他们就会离你越来越近。心近了，团队力量就更大了。并且，我是发自内心地希望他们成长进步，希望他们变成最好的自己。我的这份初心，他们也真真切切地感受到了。

以前的我很怕麻烦，总感觉自己超级忙，没时间去关心他们。后来我知道了，心不近，做任何事都没有用。当我决定做出改变的时候，我努力走出自己的舒适区，真真正正花时间在他们身上，整个团队就发生了奇妙的变化。我好像一块磁铁，把大家吸引到了一起。产生这种"磁力"的原因，只是我每天要求自己，花15分钟去找一个同事真诚沟通。不要小看这15分钟，它带来的的改变和影响是巨大的。

你变了，世界就变了！每天15分钟，主动远离舒适区，让我们一起改变我们的内心，让这个世界跟着我们一起改变！

✦安妮说

人都是渴望被倾听和关心的。当你开始倾听他们的心声，关心他们的梦想，他们就会离你越来越近。心近了，团队的力量就更大了。

尽管向人生倾注你的全部热情吧，因为它一滴都不会流失。

第四章

热情与使命感的结合：
让每一个工作细节都有温度

你才是自己的主人公

：

，

　　有一次，我去欧洲旅游，参加了一个旅行团。同团有一个美丽的姐姐，她是一家上市公司的董事长（她是我见过的最美丽的上市公司的董事长），同时，她还是一位作家。她出过两本书，投资过一部当红电影，自己还出任电影编剧，真的特别有才华。我对她充满了好奇，很想走近她。但是我感觉她有点儿高冷。她全程都自己跟自己玩，不太搭理我们。我只能远远地观望她，却不敢走近她。

　　我这个人在生活上一向大大咧咧。用我先生的话来说，假如他出差一个月，恐怕我会把家里给"炸"了。因为我一会儿忘记关空调，一会儿忘记关风扇，有时甚至忘记关煤气。旅行时也是这样。在和这个"高冷姐姐"一起旅行的过程中，我闹了不少笑话。

　　那天晚上，我们在欧洲的萨尔斯堡入住酒店，已经是深夜了，大家都很疲惫。我们一行人坐在酒店大堂的沙发上，等待导游给我们发房卡。我随手就把手提包放在了沙发上。终于，导游叫到了我的名字，我马上站起来去拿房卡。拿到以后，我就开心地拉着箱子往房间走，心想：终于可以回房间了，我要赶紧睡觉。于是，我越走越快。那个时候，我已经全然忘记了我还有一个手提包。手提包里有我的护照、信用卡、现金……所有旅行中重要的东西。导游发现以后，立刻追着我："唐小姐！唐小姐！你的包忘记拿了。"但是，我完全没有听到。因为我跑得太快了，一会儿就不见了人影。等我到了房间，打开箱子，把东西收拾好，想看一下明天的行程时，才发现我的手机不见了："咦？我的手机呢？……我的包呢？天哪！"我顿时手足无措。就在这个时候，门铃响了。我打开门，导游站在门外，气喘吁吁地说："唐小姐，您跑得太快了，您的包落在大堂沙发上了。"我连忙对导游表达感谢。如果手提包丢了，那我真的不知道该怎么办了。像这样丢三落四的事在欧洲频频发生，全团的人都为我这大大咧咧的性格捏把汗。

后来，导游对我产生了好奇（可能是因为我太"糊涂"了，所以引起了他的好奇心）。一天晚餐的时候，他问我是从事什么职业的。一提到我的工作，我的脑子就"清醒"了。我像打了鸡血一样，立马转换频道，开始向大家介绍深圳市海归协会，介绍我们的活动，我们的平台，我们的资源，以及我们的使命。我足足讲了半个多小时，大家听得聚精会神，全被我吸引了。不了解我的人，觉得我脑袋"少根筋"；了解我的人，认为我是个工作狂。此时此刻，大家都感受到了我对工作的热爱，同时，也被我的这份热爱感染了。

旅行回来以后，有一次，我去这位"高冷姐姐"的公司开会。一见到我，她的几个同事就异口同声地说："你就是海归协会的秘书长安妮啊？我们老板经常开会表扬你。"我很惊讶："表扬我？表扬我什么？"她们说："我们老板经常提到你在欧洲的事，说你平时就像'少根筋'一样，但一谈到工作，就立刻滔滔不绝。我们老板说了，做一个优秀的人就要像你一样，把工作当作生活一样去用心经营，甚至要超越生活。"

本来，我自己没有什么感觉，但她们的这番话说出了我的心声。很多人曾经问我："唐秘书长，做协会不就是打份工吗？又不是你自己的事业，做到最后，这个平台也是政府的。你为什么要那么拼命呢？"我的回答是："我从来不在乎这个平台能给我多少工资，或给我多少福利。我在乎的是，我能不能在这里学到东西，我能不能获得成长，我能不能变成我想要成为的样子，以及我能不能帮助和成就别人。我工作不是为了任何人，是为了我自己。很多人都说想要

'升职'，但首先，我们得'增值'。只有我们'增值'了，'升职'才会变得水到渠成。"

记得有一次，我们协会要主办一次女性论坛。领导很希望邀请一位上市公司的女总裁作为嘉宾。碰巧，我认识这位女总裁。只是她比较高冷，很难约。我尝试着邀请她，告诉她，希望她能来担任我们的演讲嘉宾。不出所料，她拒绝了我。她说，她的工作实在太忙，没有时间来参加我们的活动，希望我们理解。本来，这件事就这么结束了。但是我发现，我们的会员后台中，大家对这位女总裁的期待值和呼声是最高的，很多人都想见到她本人，都希望我们能邀请到她。我又尝试联系她，刚开始，她没有回复我。于是，我给她发信息："尊敬的刘总，我知道您平时工作特别忙，请您抽出半天时间来支持我们的活动，的确有点儿奢侈。但是，您或许不知道，在深圳众多的海归之中，您是一个传奇。很多优秀的海归女性都需要您的精神引领。您如果能来分享一下您的工作和生活，对她们来说将是莫大的鼓励。真心希望您能抽空儿支持一下我们。同时，也感谢您对深圳众多海归女性的支持。"我希望我能感动她，说服她。

刚开始，都是我一个人在唱独角戏。但我没有放弃。连续一个月，我每天都给她发信息，让她感受到我们希望邀请到她的真诚。

有一次，我在她的朋友圈看到她说，因为最近出差比较多，嗓子发炎，说不出话来。于是，我联系朋友从国外买了最好的保护嗓子的药，寄到了她的办公室，祝她早日康复。她签收了。然后，她给我发了一个信息："谢谢你。"

又有一次，我知道她的企业在招聘，正巧，我身边有个比较符合她预期的候选人。于是，我主动联系这位女总裁，把候选人的简历发给她，跟她说："刘总，我看到您公司在招财务总监。我推荐给您的这位候选人从事财务工作十二年了，本科和硕士都是财务专业。虽然不知道是否符合您的标准，但可以供您参考。"后来，听说这位候选人被录用了。

这位女总裁终于被我感动了。她回复我说："安妮，我答应来参加你的论坛。但是我想告诉你，我来参加你的活动，不是因为别人，而是因为你。你太坚持了，我被你的这份坚持感动了。"她终于出现在论坛现场，成为我们那次活动中最闪亮的一位嘉宾。

其实，我完全可以换一位演讲嘉宾。换成其他人，我花费的时间成本可能更低。我自己会有更多的时间看书、运动、休闲、陪孩子。没有任何一个人要求我："安妮，这个论坛必须要请到刘总。"没有任何一个人跟我说："如果请不到刘总，这次论坛就做不下去了。"我为什么一定要邀请她？因为我知道，我的海归会员们喜欢她。他们渴望见到她。我要帮我的会员们实现这个梦想。

做自己工作的主人，其实就是做自己人生的主人。我从来没有把工作当成任务，而是当成我的事业。当我努力完成工作的时候，我其实是在努力实现我自己。我对工作的这份坚持和高要求，也会感染身边的人。我的人生路，会因此越走越宽，人也会越来越有竞争力。

人是要有一点使命感的。做事不能只是为了眼前的利益。有使命感的人，会把人生的主动权握在自己手中。有使命感的人，会发现，人生总会有不期而遇的惊喜和生生不息的希望。比人生的出场顺序更重要的，是自己掌握自己的人生，做自己人生的主人。因为，没有任何一个人能为我们的人生买单，能买单的那个人，只有我们自己！

✦ 安妮说

我从来不在乎这个平台能给我多少工资，或给我多少福利。我在乎的，是我能不能在这里学到东西，我能不能获得成长，我能不能变成我想要成为的样子，以及我能不能帮助和成就别人。我工作不是为了任何人，是为了我自己。

热情：把有意义的事变得有意思

:
,

    每年年末，我们海归协会都会举办年会。每次年会，都会邀请所有会员以及合作伙伴来参加，希望大家见证我们协会的发展和成长。这是我们协会一年中最重要的一次活动。

    从2014年到2017年，连续四年，每年我都会准备一份二十多页的ppt，把这一年我做的全部工作列上去，生怕遗漏了什么。想要把这份ppt里面的内容全部讲完特别有难度，因为实在是太多了。汇报的时间只有十五分钟，我需要在十五分钟内把我这一年做的事情全都讲完，而且要讲透，这可是个技术活儿。每次修改ppt的时候，我都很为难，因为内容太多了，但每一部分我都想讲，都舍不得删，太考验我了。

    2017年年会，作为秘书长的我上台做工作汇报。我按照往年的逻辑，向大家汇报这一年我们协会所取得的成绩。首先，新加入了多少会员，现在的规模是如何庞大；其次，办了几百场活动，影响力是多么巨大；再次，承办了多少场政府的论坛活动，得到了领导多少肯定和认可，等等。讲着讲着，我就忘了时间。我只知道，内容太多，我需要抓紧时间，于是，我就讲得很快。然后我看到台下的观众们，有人玩手机，有人离开座位，有人交头接耳……大家都是一副兴趣缺缺、心不在焉的样子。

好不容易汇报完全部的工作，同事告诉我："安妮姐，你已经超时二十分钟了。"天啊！我足足讲了三十五分钟！以至于整个年会进程都要往后拖。我感到很抱歉。

这次活动结束后，一位小姐姐和我碰面时，跟我说："安妮，我觉得你在年会汇报工作的时候，讲得太多了，没有展现你的特质。"我说："可是我们真的做了很多事情啊，真的很多内容要讲，我已经努力讲得很快了。"小姐姐又继续说："可是你讲完之后，我什么也不记得，只记得你讲了好多东西，但是没有重点。"

小姐姐的这番话点醒了我。我经常要在各种场合汇报工作，汇报工作也是一个技术活儿，考验的是汇报的技巧。我发现，每次我汇报工作都是在念ppt，都在迫不及待地想快点儿把ppt念完。我完全忽视了台下观众的感受。我飞快地讲了一大堆，他们一句话也记不住。他们唯一的感受就是，我如同机关枪一样，"噼里啪啦"地汇报一通，根本不在乎大家听到了什么。所以他们才会频频看手机，频频离场，因为大家无法和我"共情"，他们也没有被我打动。我没有做到"焦点在外"，我关注的只有我自己。然而，真正有效的汇报，不是"说得多"，而是"被听到"。只有观众听到了，接受了，才是成功的汇报。

我决定改变这种状态。我要把枯燥的汇报变得有意思。2018年年会又到来了，我决定在这次汇报上做出调整。首先，我不打算把我全年的工作都列上去了。就像那位小姐姐说的，我讲了那么多，大家也记不住。其次，我不打算再念稿了，我不准备让ppt成为主角，我要让台下的观众成为主角，我要想办法感动他们。本着这两个原则，我开始重新设计我的ppt。我把这个ppt分成四个部分。第一部分，我准备讲我做协会这些年的变化。协会改变了我，也塑造了我，我的成长都来自协会。因此，在汇报的时候，我把自己作为一个"产品"，来展示给大家，我的改变其实就是对协会工作最大的肯定。第二部分，我要对身边重要的人表达感谢。在奥斯卡、金像奖颁奖典礼上，获奖的明星们都会对曾经支持和帮助他们的人表达感谢。感谢其实是最打动人以及最煽情的方式，也是最能引发台下观众共鸣的方法。第三部分，我

　　　　　　　　　　　　　　高绩效心智

会简要挑几项重点工作来介绍，并且只说数据，不深入展开工作内容。第四部分，我会对未来进行规划和展望。这个部分，我将设计"共情"的节奏，邀请观众们和我一起，共同建设深圳市海归协会，使其不断成长壮大。

汇报开始了。我用一个故事作为开头，引出我的第一部分内容："大家好，我是深圳市海归协会秘书长安妮。今天外面下着暴雨，但是看到大家都如约到达我们的活动现场，让我感觉今天来到这里的朋友，都是真爱。"一句玩笑让现场响起了笑声和掌声。

"五年前，我看过一个采访。主持人问张柏芝：'在你的人生中，你最害怕的是什么？'张柏芝回答说：'我害怕变丑，我害怕变胖，我害怕变穷。'她的回答，对我的触动非常大。变丑，变胖，变穷，这不正是我所害怕的吗？我对她的话产生了一种共鸣。当时我想，如果未来有人问我：'安妮，你人生中最害怕的是什么？'我觉得，也是这三件事。然而，在海归协会工作了这些年以后，2018年的今天，如果再有人问我：'安妮，你人生中最害怕的是什么？'我觉得是：'失去爱的能力，以及失去对这个世界的好奇心。'现在的我，已经不再害怕失去外在的任何东西，而是害怕自己的内心没有力量。到底是什么给了我这种力量呢？

我认为，是深圳市海归协会这个大平台。是它成就了我，圆满了我，让我变成了最好的我自己。"我通过一个故事，完成了第一部分的汇报。通过汇报我自己的成长来告诉大家，这个平台到底有多好。这是我第一次在汇报工作的时候讲故事。我发现，台下没有人看手机，也没有人离场。大家都在聚精会神地听我说。我已经把他们吸引了。

我说："我觉得我的成长，离不开一个人，他是我生命中最重要的一个男人……之一。"全场笑了，我接着说，"他就是我们的会长，也是我的伯乐。那个花了八个月时间，把我从上市公司挖过来的人。"我讲了我和会长之间的故事，还讲了一个我和会长之间有趣的细节，引得全场哄堂大笑。讲完和会长的故事以后，我就开始表达我心中的感激之情。感谢会长慧眼识人，感谢团队全力以赴地成就我。当我讲完这个部分的时候，我看到台下有人在抹眼泪。其实那一刻，我也实实在在地把自己感动了。当我感动了自己的时候，我相信，我也感动了台下的观众。

第三部分，我进入工作总结。这一次我没有汇报流水账，而是列举了数据。例如，加入了多少个会员，完成了多少场活动……只用了一张ppt，就把重要的数据全部列出来。

第四部分，我展望了未来。"人生只有一次，因此更值得我们仔细设计。在我看来，我这辈子就是为了做社团而生的，我是有使命的人。我肩负的使命就是——让自己幸福快乐地活着，同时，让我身边的人都幸福快乐。希望大家加入我们的队伍，一起共建幸福快乐的家园，让这个世界因为我们的存在而变得更加有爱，更加美好！"

这次的工作汇报取得了很好的反响，很多小伙伴事后都给我发信息，说被我的讲话感动了。他们觉得我的变化太大了。同时，也看到了我的成长。其实，我只是用热情把有意义的事变得更有意思了。如果能投入全部的热情，把每一件有意义的事都能变得有意思，那我们的人生将会变得无比有趣！

✦安妮说

"安妮，你一生中最害怕的是什么？"

"失去爱的能力，以及失去对这个世界的好奇心。"

使命感：把没那么有意思的事变得有意义

:
,

　　每个星期一的早上，我们团队都会开例会，安排这一周的工作，这个习惯已经坚持了很多年。有的时候整个团队都比较忙，一周或许只有这一个机会能见面讨论工作。我的要求是，平时可以请假，但星期一早晨的例会，不允许请假。

　　因为坚持了太多年，这个"例会"已经慢慢变成了"例行公事的会"。同事们虽然都很重视，全员出席，但是我感觉，这个会议越开越"闷"，越开越"无聊"。同事们先逐个汇报自己的工作，然后大家一起讨论工作的重点和难点。到后来，例会变成了一项不得不完成的任务。

　　这让我开始反思，星期一早上开例会的目的到底是什么。只是为了分配任务及讨论工作吗？我觉得，并非如此。例会还有更重要的目的，那就是增强团队的凝聚力，增进彼此的了解，让团队成员更有归属感。有没有什么办法，让越来越"无聊"的例会，变得更生动有趣，让大家充满期待呢？我开始思考这个问题。

我策划了一个方案。在每周的例会上，邀请一位同事上台跟大家分享，分享的主题自己定，时间半小时。要求：有ppt，有核心价值观，有总结。我们团队一共有十个人，每次例会由两到三个人进行分享，一个月正好做完一轮。其实刚开始我也不知道这个方法是否可行，只是想，尽量试试吧。毕竟，让大家准备主题，与他人分享，这件事本身是对大家有益的。如今这个社会有两种能力很重要，那就是收集整理的能力和与他人分享的能力。通过这种形式，大家的能力都能得到锻炼。

我提出这个想法之后，同事们就开始当作任务去准备了。由于我说了我的要求，要认真准备，不可以敷衍了事，所以大家还是很花心思的。第一组分享的人是Eric和Coffee。Eric分享的是"我的梦想"，他很用心地做了一个ppt，和我们分享了他的成长故事。他告诉大家，他的梦想是做一个自己的平台，并且把自己打造成平台里的IP。我觉得分享真的很神奇。如果没有这个机会，我从来都不知道他还有这个梦想，我以前一直以为他的梦想就是赚钱买房。他的分享让我更加了解他，同时，我也知道了他的需求，明确了未来要如何去帮助他，成就他的梦想。第二个分享的人是Coffee，他分享的主题是"神奇的心理学"。他讲了心理学的一些知识，还给我们分享了马斯洛需求层次理论。他也让我很意外。我平时就很喜欢心理学，但我很少在这方面进行总结。Coffee的总结很到位，超越了以往我对他的认知。同时我还发现，Coffee是一个逻辑思维很强的人，他能找到规律，把一堆凌乱的东西整理出条理。

　　其他的同事也陆陆续续进行了分享。设计师白胖分享了他最喜爱的电脑游戏。白胖人如其名，白白胖胖的。在我眼中，他是一位话不多、"事儿"不多、埋头做事的实干家。我觉得他似乎没有爱好，如果一定要让他说出个爱好，我猜是画画。没想到，他最爱的竟然是电脑游戏。他告诉我们，他虽然很爱玩游戏，但并不痴迷于此，他知道玩游戏要有度。他也很爱钻研。他曾经玩过一个关于三国的游戏，为了更加了解游戏背景，他特意把《三国演义》这本书看完了。他在分享的时候，还表现出了我们平时见不到的感性的一面——讲着讲着，他会把自己讲哭。当他讲起一个全球游戏大赛的中国冠军的人生故事时，他几度哽咽，讲不下去。他为这位游戏玩家没有拿到冠军而深感惋惜。后来，这个游戏玩家终于在六年后第一次夺冠，白胖兴奋得像个孩子一样。

白胖说，他很感谢帮助这位玩家夺冠的朋友们。看到这位玩家终于夺冠了，他比自己取得人生成就还要开心。通过这件事，我"看"到了，白胖是一个很感性的人，对他喜欢的东西，他会非常的执着。

我们团队的行政人员小慧也让我颇感意外。小慧一直兼任我的秘书。她平时话不多，做事效率很高。说实话，我很少关注她，我找她多半是让她帮我处理一些紧急的事情。她分享的主题是"我们到底要不要省钱"。原来，她很喜欢看一档脱口秀节目——《奇葩说》。《奇葩说》有一次辩论的题目就是"我们到底要不要省钱"。她按照自己的想法做了一次分享。她的观点是：不要省钱，要努力赚钱。我突然发现，这个平时话不多的小女生，竟然如此幽默，好几次都把大家逗笑了。有几次她讲到一半，突然忘记自己要讲什么了，就急忙跑过去看稿。这本来是一件很平常的事，只是她看稿的动作很夸张，好像故意引起我们注意一样，把大家全部逗笑了。这是我第一次真正了解她。幽默其实是一种竞争力。以她的才华和学习能力，她不应该只做行政，她的人生应该有更多的可能。

最让我感到意外的人是Vicky。Vicky是会员部的专员，平时主要负责策划会员活动。她每次分享都准备得特别认真，连稿子都写了好几页纸。她是所有同事中准备得最认真的人。而且，她每次挑的主题都很有深度。从她的准备当中，我看出，Vicky是一个很负责任的人，未来我可以把更多重要的事情交给她。

分享例会进行了一段时间之后，Coffee跟我说："安妮姐，我觉得您让我们每个人在例会上做分享这件事，真的特别好。我们都觉得，这件事让我们对每周一的例会有了期待，我们都希望快点儿到下周一。"Coffee的话其实也说出了我的心声。本来我也觉得每周一的例会挺闷的，自从加上了分享环节，我发现，大家都不再把例会当作"例行公事的会"了。每个人都怀着无比期待的心情，去迎接这美妙的时刻。通过大家的分享，我看到了每个人身上的闪光点和平日里很难发现的性格特质。我更加知道未来该如何去培养和成就他们了。

分享，提升了团队的凝聚力，也给了每个人展示真实自我的机会。

后来，我又增加了一条规定：每位同事分享以后，其余的同事要点评。团队里面最喜欢点评的人是Coffee。然而，他点评的方式就只是批评。他经常自顾自地说一些刺耳的评论，同事们不仅听不进去，而且很反感。大家给他起了一个

高绩效心智

外号，叫"教导处主任"。于是我就说，以后大家分享完，让Coffee做总结点评，然后大家给Coffee打分。最低1分，最高10分。如果平均分低于6分，Coffee就要请大家吃饭。通过这个方法，"强迫"Coffee注意他说话的语气和态度，从而提升他的沟通技巧。因为沟通的效果在于对方接收到多少，而不在于你传达出多少。有趣的是，这个安排公布以后，Coffee开始调整自己的沟通方式了。后来的几次点评，他都是先想好后写下来，然后很谦逊地点出对方做得好的地方，并提出自己的建议，希望对方予以改进和提升。大家表示，Coffee的情商提高了，说话方式改进了，大家也越来越喜欢和他相处了。

为了让分享环节变得更有趣，我开始安排分享主题。比如，这个月以历史人物为主题。你可以选择一个你最喜欢的历史人物讲给大家。历史可不能胡编乱造，需要翻阅书籍，查找网页，搜索资料。我希望通过这个方法来提升大家的学识和素养，让大家成为有"厚度"的人。有时，我也提议大家分享最喜欢的国度和电影等。这之后，神奇的事情发生了：大家都越来越喜欢周一的例会。每个人都展现出了更加丰富的一面，彼此之间也更加了解。因为了解而更加包容，相处更加融洽。

只有把没那么有意思的事情变得有意义，我们的世界才会更有意义。或许，你也可以试一试。

★
安妮说

　　只有把没那么有意思的事情变得有意义，我们的世界才会更有意义。

高绩效心智

让每一个微小细节有温度

:
,

　　2017年年初，智联招聘有一个女性论坛，邀请我担任演讲嘉宾，我深感荣幸，如期应约。当时，除了我，还有一位演讲嘉宾，是我熟识的企业家姐姐。我和这位姐姐坐在嘉宾席，愉快地聊着天。这时，一个年轻漂亮的女孩子走过来和这位姐姐打招呼，她们俩聊了起来。这位企业家姐姐拉着我说："安妮，来，给你介绍一下。这是我干侄女，新加坡海归Tiffany，我介绍她加入你们协会，你帮我多照顾照顾。"我笑了笑，打量了一下Tiffany：她身材高挑，白白净净的，一双纯真的大眼睛扑闪扑闪，笑起来非常灿烂。她笑着对我说："安妮姐姐好，我叫Tiffany。"打完招呼，她就坐在了我的身边。我好奇地问她："你是从新加坡回来的？怎么你这么白啊？我认识的新加坡海归，都好黑。"她咯咯地笑了："我防晒工作做得好。"就这样，我认识了这位漂亮白净的新加坡海归妹妹。

那次论坛一共邀请了四位女性嘉宾，我被安排在第三个进行演讲。在前两位嘉宾演讲的时候，我看到Tiffany全程都在记笔记。她拿着小本子，聚精会神地听讲，听到有感触的句子，就立刻一笔一画地写下来。而坐在她前后的小妹妹们，不是在玩手机，就是在交头接耳地讲话。她的专注和认真让她在人群中显得"格格不入"。但也正是这份"格格不入"，让她在我心里格外耀眼。我被这个好学的90后小妹妹吸引了。

之后，轮到我上台演讲了。我讲完下来后，Tiffany对我说："安妮姐姐，你讲得太好了。我学到了很多东西，谢谢你，我真的要向你好好学习。"她给我看了一下她的笔记，密密麻麻的，写满了两页纸。我被惊呆了，我都没有意识到自己讲了这么多内容。她认真的态度给我留下了非常深刻的印象。从那以后，我们就熟络起来。我发现，Tiffany妹妹不仅长得美，她的心灵更美。

2017年5月，我报名参加了敦煌戈壁之行。我那段时间工作太忙，什么也没来得及准备。没想到，在我出发前几天，Tiffany突然约我吃饭。她说："安妮姐，好久没有见你了，我想在你去敦煌之前见见你。"我答应了。那是我第二次见她。那次饭局上大约有十几个人，大家说说笑笑，很是开心。临走的时候，Tiffany拉住了我说："安妮姐，我有东西要给你。"我问："什么呀？"她打开包，从包里拿出三样东西——一瓶高度防晒喷雾，一瓶晒后修护芦荟霜，还有一盒面膜。Tiffany说："安妮姐，我知道你要去戈壁了，戈壁的紫外线是很强的，所以我帮你买了这个防晒喷雾，你每天出发之前喷一点，一瓶可以用很久呢，我保证你回来以后还是白白的。另外，这是一瓶晒后修护霜，如果你不小心被晒伤了，就擦这个，皮肤就不会受损，也不会留疤。"她指着那盒面膜，"这是我用过的效果最好的面膜，我知道姐姐要去五天，这一盒刚好五片，一天用一片。"

我被她感动了。这才是我和她的第二次见面，她就这么用心地帮我把一切都准备好。一种温暖涌上心头，她一下子就走进我的心里面了。她给我准备的这些东西，虽然说不上有多么贵重，但是我看得出来，她很用心。每一样都是我刚好需要的。

后来，我又在一次活动上见到了Tiffany，那时她刚从日本回来不久。她说，她来参加这次活动正是因为我，因为她知道我要来。她从包里掏出一个小盒子，对我说："安妮姐，这是日本最好用的玫瑰眼药水。我知道你最近在写书，眼睛一定很疲惫，你试一下这个，对舒缓眼疲劳特别好。我一直用这个，用了很多年了，所以买来给你试试。"我接受了这瓶粉红色的精致的眼药水。说真的，我太需要这个眼药水了！因为那段时间我经常熬夜，每天早上起来，眼睛里全是红血丝。这个妹妹真的很了解我。她真的是一个让人感觉非常暖心的人。

后来好长一段时间，由于各自忙于工作，我和Tiffany没有联系。突然有一天，我收到了Tiffany的信息："安妮姐姐，你最近好吗？"我回答："挺好的啊，怎么了？"她继续问："工作顺利吗？生活开心吗？宝宝还好吗？"我以为她找我有什么事。我说："谢谢妹妹关心，我一切都挺好的。你找我有事吗？"Tiffany说："没事，我就是想告诉你，我突然想你了，希望你一切都好。虽然平时很少见面，但我一直很关心你。知道姐姐一切安好，我就放心了。"

我又一次被这位暖心的妹妹感动了。这个世界上有太多优秀的头脑，他们的确让人敬仰和崇拜。但是，真正感动我们灵魂的，是那些有温度的心灵。温暖照亮人心。Tiffany真的是一位很善良、很有爱的人。我为我身边这样一位善解人意的妹妹而感到自豪。Tiffany无论走到哪里，都很受人喜欢，大家都称赞她美丽、善良、有爱，又很温暖。她的人缘越来越好，人生路也越走越宽。

我觉得，这个世界上有四类人。第一类，是高度很"高"的人。比如，很多政界名人，都在仕途上取得了卓越的成就；第二类，是深度很"深"的人。比如，那些具有工匠精神的人，一直在"深耕"这个世界；第三类，是宽度很"宽"的人。比如，做慈善的人、社交达人或营销高手，他们在社交面上都很广，很开阔；第四类，是有温度的人。这类人，会让你觉得你是重要的，你是值得被爱的。一个有温度的人，无论走到哪里，都是一个受欢迎的人。

松下幸之助先生说过一句话："我招聘人的原则就两点：第一，看一个人'命'好不好；第二，看一个人运气好不好。"在我看来，如何知道一个人"命"好不好，运气好不好呢？就看这个人是否有温度，以及这个人是否受欢迎。一个有温度的、受欢迎的人，一定是一个运气好的人。他（她）的"命"，也一定会很好。

让每一个小的细节都有温度，我们也会越来越受欢迎，同时，运气也会越来越好！

安妮说

这个世界上有太多优秀的头脑，他们的确让人敬仰和崇拜。但是，真正感动我们灵魂的，是那些有温度的心灵。

你不能决定自己有"多幸运"，但你能决定自己有"多努力"。

第五章

"聪明的努力"：
你以为我有多幸运，我就有多努力

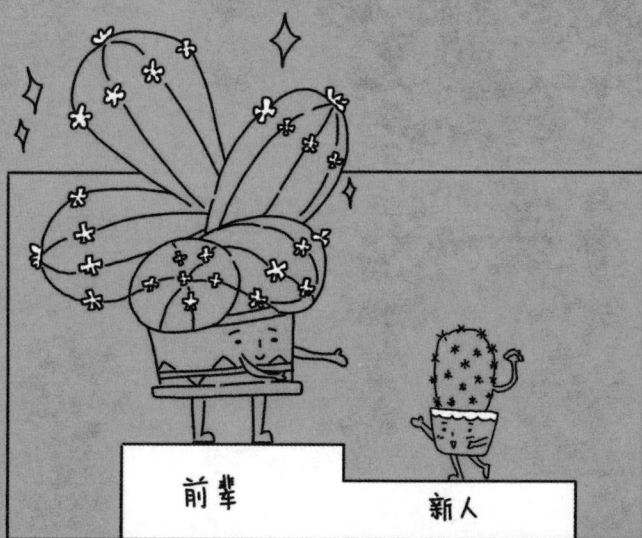

前辈　新人

"高下"体现在出错时

：

，

很多不熟悉我的人第一次见到我，都觉得我做事雷厉风行，节奏快，效率高。也有很多人觉得，我的工作很风光，很"高大上"——总是承办各种大型活动，经常出国考察，还时不时去上市公司走访。这些事看起来很华丽，大家看我做起来也很容易，好像我从来不会出错一样。其实，我工作这么多年，真的出过几次错误。但我觉得，出错不要紧，真正要紧的是，我们该如何快速调整心态，并且全力以赴地去补救这个错误，把损失降到最低。不出错的人生不会进步。一次次更正错误的实践，正是我们进步和成长的契机。

海归协会成立不久，会长说，我们要做一本海归杂志。我们策划了一本名叫《我是海归》的杂志。虽然从来没有做过杂志，但是写作以及搜集信息的功底我还是有的。于是，我这个"杂志小白"，就开始制作我人生中的第一本杂志。

高绩效心智

做杂志一定要有广告，否则就不是杂志，而是宣传手册了。幸运的是，我们的第一期杂志就得到了许多知名广告商的青睐。谈广告客户是一个技术活儿，很多客户在选择杂志广告投放之前，都会进行一番比较，看看哪个杂志才是最佳投放对象。相比之下，我们的"小白"杂志其实不太具有竞争力。唯一有的，就是杂志背后的这群海归小伙伴们的真心。但是，我们对这本独一无二的海归杂志充满信心。只要信心不减，我相信我们一定能够成就一番事业。

由于我对做杂志经验不足，于是找了一个专业编辑来培训我，向他学习做杂志的基本常识。特别是当我去谈杂志广告的时候，我得知道每一页的内容定位和价格定位，这样我才好报价。这位编辑告诉我，通常情况下，杂志的封底是最贵的，很多大牌杂志都会选择豪华车以及奢侈品作为封底广告，比如奔驰、保时捷、雷克萨斯、欧莱雅这样的品牌。封二也是比较贵的（封二就是打开杂志后，封面背面这一页，封底背面这一页叫封三）。封二封三这两页比较抢眼，可以考虑一些比较知名的品牌。

这是我人生中第一本杂志，我实在没有太多的概念。这位编辑告诉我，封二封三宁可不放广告，也不能放档次太低的广告，因为这代表了杂志的整体气质。如果放这样的广告在这两个重要的位置，别人就会觉得，这本杂志的整体水平很差，档次很低。这样做得不偿失。

有一次，一家做充电宝的企业过来找我们聊合作。这位年轻的企业家叫Leon。他说，他的产品是给松下做代工的，目前他打算推出自己的充电宝品牌，名叫"步步上"。这个名字听起来有点儿奇怪，是不是模仿"步步高"的？我心下疑惑，但又不好意思问。Leon说，他的充电宝质量肯定没问题，就是没有形成品牌，这个"步步上"是他自己想出来的。他希望能借助海归杂志的力量，把"步步上"这个品牌推向海归顾客群。Leon信心满满地说："我觉得，海归们认可的产品，都是高大上的产品，所以我选择了你们杂志。"Leon对我们的杂志很认可，这让我无比开心，因为这样就节省了很多时间做介绍推广。Leon对我们杂志广告的报价也没有异议，全部接受。但就是有一个问题，他希望他的广告能放在比较抢眼的封二上。他希望所有海归一打开这本杂志，就看到他的"步步上"充电宝。

这让我很为难。首先，封二位置特别重要，我们希望留给一些知名品牌；其次，这个品牌名实在是太"接地气"了，跟杂志的整体格调很不搭；第三，这个"步步上"的广告设计，实在是一言难尽，与杂志的调性不符。放在杂志里任何一个位置，这个设计都得改，更遑论封二了。

Leon说："唐小姐，我就选择封二的位置了，不问价格，你说多少钱就是多少钱，我都愿意支付。另外，你们杂志全年的广告我都包了。"

我没有同意。我说："Leon，封二和封三的广告位我们早就定好内容了。我们计划放我们自己海归活动的宣传，所以不好意思，不能给您了。除了这两个位置，其他页面您随便挑。"我给出了我的理由。听了我的解释，Leon总算没有再坚持。他在杂志中间选择了一个广告位。我松了一口气，这样既保住了一个大客户，又没有影响到杂志的整体格调。

除了封二以外，其他广告页全部确定了以后，杂志的整体设计也完成了。设计师把样稿拿给我，要我确认，确认以后就可以付印了。我一看样稿，其他都没有问题，但封二是空白的。我问设计师是什么原因。他说，这里本来要放一个活动海报，但是海报现在还没有设计出来，他让我先看下其他内容有没有问题。我看完说：其他都OK，没有问题。然后，我就在样稿上签字确认了。

过了几天，负责印刷的同事告诉我，杂志已经印出来了。我说："What？！不是还有一个活动海报没有放上去吗？怎么就印出来了？！"负责印刷的同事一下子就慌了。

他说，他下班的时候，看到桌上的样稿有我的确认签名，他就直接给工厂下单了。我明白了，这中间有一个乌龙。我应该在签字旁边加上备注，即"除了封二活动海报之外，已全部确认"。另外，设计师和负责印刷的同事完全没有沟通，他们就自行去处理了，这也是我作为管理者的疏忽。

我整个人都不好了。这可怎么办啊，好端端的一本杂志，竟然把这么重要的广告位留白了。当时我还不肯把这个位置卖给Leon，结果倒好，宁愿什么都不印，也不卖给他，这不是在和他开玩笑吗！他要是看到杂志，一定会很生气。其他的客户也会觉得我们不专业，怎么可以让这么重要的一个位置留白呢？我们的会员看到了，也会觉得奇怪。他们会不会猜到是我们的工作疏忽呢？但是，这时重印也来不及了。一是费用太贵，二是时间太赶。我们可是印刷了十万册啊！该怎么办呢？我真的十分头疼。

我立刻做了个深呼吸，对自己说："亲爱的，这个时候你要镇定。先处理情绪，再处理问题。"我让自己冷静下来，然后开始想解决的办法。首先，我们这本杂志的读者都是海归协会的会员，因此，有没有这样一种可能——用这一页留白，跟会员们进行互动。这样，我们既可以安抚广告客户，也不会让这一页空白显得很突兀。于是，我策划了一个活动，在会员系

　　　　　　　　　　　　　　　　　高绩效心智

统里向所有会员发布消息：新一期《我是海归》杂志将有一页留白。请在那里写下你的梦想，画出你的自画像。给自己一点空间和想象力，人生将有另一番风采。拍照上传发到平台上，点赞最多的会员，我们将在年底的会员大会上，颁发"海归杂志达人·最有想象力的海归会员"奖。

活动的思路一确定，我就立刻开始实施，连难过的时间都没有。会员们一听说有个小评比，变得异常开心，在群里炸开了锅。小伙伴们拿到杂志以后，都在留白处写写画画，我们平台的活跃度一下子从10涨到了100。看来，这个活动很受会员们的喜欢。

我们也给所有的广告客户发了通知，告诉他们，我们这一期杂志和以往不一样，会有一个小活动，即让会员们画下他们的自画像，并且在年底进行评比。我们邀请广告客户们也画下他们的自画像。除了海归会员的评比活动，广告赞助商们之间也会有个评比，这样是不是很有趣？

没想到，赞助商们也觉得很新鲜，纷纷参与。这个小活动一下子就让我们"化险为夷"，把空白的漏洞变成了创意的窗口。然后，我、设计师以及负责印刷的同事开会进行了检讨，梳理并优化以后的流程，绝不让类似的问题再发生。三天之内，这个"杂志留白"的风波，就平息了下来！

不为失败找借口，只为成功找方法。时间真的很宝贵。当错误发生了，我们不要把时间浪费在伤心、难过、恐慌、后悔上，而是要把焦点放在"如何解决问题"上。当我们把焦点放在解决的办法上，就会发现，办法越来越多。我们的时间花在哪儿，我们的成就就出在哪儿。办法总比困难多。出错并不可怕，可怕的是，出错以后，一直陷入慌乱和后悔的情绪中，那才是最愚蠢的。

安妮说

　　当错误发生了，我们不要把时间浪费在伤心、难过、恐慌、后悔上，而是要把焦点放在"如何解决问题"上。当我们把焦点放在解决的办法上，就会发现，办法越来越多。我们的时间花在哪儿，我们的成就就出在哪儿。

高绩效心智

当你遇见比你优秀的人

:

,

我一直认为：只有同等能量的人，才能在人群中相互识别；也只有同等能量的人，才会相互吸引。但这中间还有一种情况，那就是，有些人最初相识的时候能量是不同的。当我们遇见比我们优秀的人，刚开始彼此之间的能量或许不同，但经过我们的努力学习和提升，我们也可以变成"同频"的人。甚至，可以让他们成为我们的"粉丝"。

认识Daniel老师是在十八年前。当时，我去新东方学英语，准备出国。Daniel老师是新东方的名师，教GRE和GMT。我身边很多朋友都告诉我，Daniel老师是一个"奇人"，不但人长得特别帅，还特别有才华。他曾经骑自行车环游了整个中国。他是新东方教词汇最厉害的老师，很多人想见他一面都难。为了请他来教课，新东方调整了好几次课程表，一直到两个月后，Daniel老师有空儿，才把开课时间确定下来。由此，Daniel老师的魅力可见一斑。这样的老师有一堆粉丝毫不稀奇。我也成了Daneil老师众多粉丝中的一个，对这位神秘的名师充满了好奇。

后来，我终于见到了Daniel老师。他并不像我想象中的那么高冷。他长着圆圆的脸蛋，胖乎乎的，感觉很敦厚。他总是穿着T恤、牛仔裤，一副很随意的样子。后来一打听，原来他没比我大几岁。这么年轻就当上了新东方的名师，真是不简单！更让我觉得不简单的是，竟然有人可以同时教GRE和GMT，那得需要多大的词汇量啊！

他上课时不像其他老师那么"规矩"，他有时坐着，有时跷起二郎腿，甚至有时还躺着。那些难懂的英文单词，从他嘴里讲出来，总是有很多故事，并且生动可感。他告诉我们：每一个单词都是有"生命"的，我们要学会用故事去诠释每一个单词。Daniel老师还是一个"历史通"，他是我认识的所有人中，历史知识最渊博的人。你问他任何历史问题，他都可以回答得让你满意。除了是单词专家和历史通，Daniel还是中国顶级的职业规划教练。他曾经帮很多优秀的年轻人找到他们的人生目标，确定人生方向。因此，Daniel老师一跃成为我身边我最欣赏的人，也是我最想成为的人——没有之一。

我对自己说，遇见如此优秀的人，真是我的福气。同时，他也让我找到了我应该努力的方向。可是，Daniel老师每次上课，台下都有五百多个学生，他连我姓什么都不知道。我如何才能成为他那样的人呢？于是，我对自己说，首先要"被看见"。要先认识他，再努力获得他的认可。我决定让Daniel老师认识我。于是，上课前和下课后，我都主动跟Daniel老师打招呼。在课堂上，我认真听讲，积极发言，回答问题也是最活跃的。我的课堂笔记总是最工整的，几乎可以当作教科书来分享。时间久了，Daniel老师终于记住了一个叫"安妮"的学生。在他的印象中，这是一个"很爱学习的好学生"。

和Daniel老师熟识了以后，我就时不时地向他请教一些问题，并且和他分享我的一些想法。我发现，很多优秀的人都有一个特点，他们会尊重和欣赏好学的人。在Daniel老师的心中，我绝对是最好学的学生之一，所以他很愿意跟我分享他的观点和人生态度。在Daniel老师的鼓励和指导下，我成长得很快。怀着一颗谦卑的好学的心，我逐渐脱颖而出，越来越绽放光芒。

我给Daniel老师起了一个外号，叫"历史教授"。因为他对历史真的非常精通。有一次，我问Daniel老师："老师，请问我要如何提升我的历史水平？"Daniel老师回答："想要通晓历史，不是看一两本书就能达到的，我估计你要看十本历史书，才会有大概的印象。"于是，按照他的指示，我在一年内看了二十几本历史书，把中国历史从头到尾看了个遍。我知道自己不是一个聪明的学生，但我有一个优点，那就是——听老师的话。老师让我看历史书，我就先看，看完再去请教老师。于是，我对中国历史有了大概的了解。学习之后才发现，历史真的很有趣。我逐渐爱上了历史，甚至可以给朋友们讲历史故事，大家都很惊讶："安妮，你的历史怎么突然变好了？"我再也不是一个"历史盲"，通过我的学习和努力，我也成了半个"历史通"。

Daniel老师常驻北京。每次我去北京出差，都会联系他，并且带着问题去请教他。几年前，我遭遇了工作瓶颈，我约Daniel老师出来，把我的困扰告诉他，请他帮我分析分析。他笑了笑，给我画了一个平衡轮，然后要我把这个平衡轮分成几块，每一块都是我人生中最重要的一部分。我画着画着，突然就明白了：人生其实就是各种尝试和选择，没有对错，只有是否适合。Daniel老师就是那种不会给你标准答案，但是会帮你摸索出最适合你的路的人。后来，每当我遇到工作中的困难，我都会请教Daniel老师。每次他都会点醒我，帮我找出下一步突破的方向。Daniel老师在我看来就是"神一样的存

高绩效心智

在"，特别是当我陷入困境的时候，他就是我的灯塔。

Daniel老师这种"教练"的能力太神奇了，好几次帮我度过人生的灰暗期。于是，我决定向他学习这种能力。与Daniel老师交往的这些年，我的心得是：当你遇到比你优秀的人，先"认识"他，再让他"认可"你。同时，要保持一颗好学的心，让优秀的人感受到你赤诚的学习热情，这样，任何人都会给你助力。做一个聪明的学生，不如做一个勤快的笨学生。很多优秀的人都不是很聪明，但都会坚持一个原则，就是——听老师的话，照做。Daniel老师教了我几招"教练"的技巧，我在一年内，练习了一百遍。我到处找机会帮人梳理他们的工作思路，寻找人生方向，在帮助他人的同时，也提升了自己的"教练"能力。

几天前，Daniel联系我。他说，自己最近遇到一个困扰，问我是否愿意和他聊聊。我说，没问题。他说："我有一个跟我一起创业的合伙人，最近她提出来，要离开这个平台，自己出去闯闯。原因是我们彼此之间太熟悉了，'打法'都知道，她觉得她的职业发展到了瓶颈期，所以想出去看看。"

我问："那你对这件事的看法呢？"我按照Daniel老师教我的方法，用提问的方式，引发他的思考，而不是直接给出答案或评论对错。

Daniel老师说："我跟她一起创业很多年，情感上，真的不太能接受。对公司来讲，也是一个很大的损失，但对她个人，应该是有利的吧。因为，以她的能力去到一个更大的平台，会更有利于她。"

我感觉他现在思路有点儿不太清晰，我决定帮他理清："我们要先处理情绪，再处理事情。我知道，失去一个得力的合伙人是一件很伤心的事，我也有过类似的经验。你不想让她走，但同时，你也知道这个发展对她很好，那你到底想要的是什么呢？"

Daniel老师回答："我想要她在我这个平台上继续工作。我们共同发展，让公司整体上一个层级。"这是他想的，但并不是那个合伙人想要的。合伙人其实想离开。

于是，我继续问："你觉得，她身上的哪些特点是你希望她留下的原因？如果她离开了，有没有其他人也具有这些特点，能够协助你完成你的目标？"

他回答："她对组织的理解是最深刻的，而且，她很认同我们的企业文化和价值观。如果她不在了，剩下的团队或许有一部分人有这些特点，但是都没有她全面。"

我觉得Daniel老师现在需要力量和支持。我开始帮他找方向，激发他更多的思考："那你觉得，未来会不会出现一个更适合以及更强有力的、像她这样的合作伙伴呢？如果我们要去寻找一个既能认同你的价值观，又对组织理解很深刻的人，要怎么做呢？"

"我觉得，未来绝对有可能找到这样的人，只是需要一点时间。"他开始越来越有信心了。

我说："我们来理清一下思路。你希望她继续留在你的平台，帮团队更上一个台阶；她希望离开这个平台，找到一个更适合她发展的平台。同时，你也认为这个发展或许对她更好。那我们一起想一想，有没有一种可能，既能成就她，也能成就你，让你们这个平台不会因为她的离开而变得不好，相反会越来越强大？"

"我觉得一定有，我要好好想一想。我觉得，我应该先找她推心置腹地聊一聊。我至少应该先把问题梳理出来，然后找到解决这个问题的办法，而不是陷入情绪里。"他越来越清晰了。我很开心，看来我帮助到他了。

"你有遇到过类似的事情吗？"他想听我的分享。我说我当然有，然后我跟他讲了一个发生在我身上的真实的故事，以此来鼓励他。并且告诉他，天下没有不散的筵席。当我们在努力成就和成全别人的时候，我们也在成就和成全我们自己。

过了许久，他回复我说："我知道该怎么做了。第一，不管怎么样，要以双方共赢为思路；第二，让她培养一两个能顶上的人，让公司保持正常运作；第三，我要先把我的个人情绪放下，先处理好情绪，再解决问题，不要被情绪所困。"我很开心，他终于梳理清楚了。

然后，他说了一句让我很惊讶的话。他说："安妮，你今天太让我惊讶了。你现在已经是顶级教练的水平了。今天你给我的启发和反馈都特别好。你这些年的成长太快了，变化真的好大。我真为你感到自豪。"这些话让我很感动。偶像的认可，对我来说是莫大的鼓励。

每当我遇到一个比我优秀的人，我从来不会羡慕嫉妒恨。我唯一的想法是：我能在他（她）身上学到什么？我如何能成为一个像他（她）一样优秀的人？甚至，我要如何超越他（她），并且让他（她）成为我的粉丝？不要害怕优秀的人不搭理你，你优秀了，自然有对的人与你并肩。因此，做一个聪明的"笨人"，怀着一颗谦卑的心真诚学习，是我这么多年与大咖们交往的心得。

高绩效心智

安妮说

　　每当我遇到一个比我优秀的人，我从来不会羡慕嫉妒恨。我唯一的想法是：我能在他（她）身上学到什么？我如何能成为一个像他（她）一样优秀的人？甚至，我要如何超越他（她），并且让他（她）成为我的粉丝？不要害怕优秀的人不搭理你，你优秀了，自然有对的人与你并肩。

努力，并让人看到

⋮

，

　　我一直坚信"越努力，越幸运"这句话，所以，我很努力。在努力的前提下，我还很坚持自己的选择。一旦我决定做一件事，不到万不得已，我绝不会轻言放弃。同时我认为，努力也是有技巧的，那就是"聪明的努力"，要"把努力放大"。有句话说得好："高调做事，低调做人。"我们努力做的事情，一定要高调地宣传出去，这样才对得起我们付出的精力和时间。努力，必须让人看见，才会更有价值。

　　每年秋季，我们都会举办海归女性论坛。

　　海归女性论坛，一般都会吸引女性用品的广告赞助商。可是我发现，赞助我们的大多是不太知名的品牌，很少有国际性的大品牌。我们最想要的，当然是国际知名的大品牌。如果他们能和我们联动，那将在很大程度上提升我们的影响力。没有高端品牌的"加持"，一直是我们做女性论坛的一个痛点。我们的"大本营"在深圳，深圳的高端奢侈品总部很少，而上海的奢侈品品牌又很难跟深圳本地的社团合作。怎样让国际知名品牌来为我们"站台"呢？这一直是我苦苦思索的事情。

我决定动用身边的全部资源，看是否有人能对接到国际品牌给我。不尝试一下怎么知道呢？万一对接上了呢？没有努力到无能为力，我是绝对不会放弃的。

我盘点了一下我认识的所有女性用品的商家，以及我身边有相关资源的人，找出最有代表性的人，一共有三十多个。我一个一个地联系他们，问他们是否有接洽国际品牌的渠道。当我问到二十多人的时候，突然有一个朋友回复我说，他有一个兄弟是欧莱雅集团华南区的负责人，整个广东的欧莱雅专柜都由他来管理。听到这个消息，我太开心了！欧莱雅是我的核心目标之一，如果欧莱雅能赞助我们的论坛，那将极大地提升论坛的影响力。我问朋友，能否把这位负责人介绍给我，我很想认识他。他把对方的联系方式给了我。这位欧莱雅华南区的负责人叫James，是一位年轻有为的男士，我们通完电话以后，就约了第二天见面。

我们约在一家咖啡厅见面。我比他早到。一见到他，我就自我介绍："James，您好，我是深圳市海归协会秘书长安妮，很高兴认识您。"我把带来的协会资料拿给他看，还送了他一份我们协会内部的伴手礼——一罐印有我们logo的精致的茶叶。James是一位很阳光、很豪爽的男士，性格也很直率。他告诉我，欧莱雅每年都有一笔预算内的营销费用，只不过通常在每年年中的时候就把下一年的预算定完了。我向他介绍我们的平台以及活动。James很感兴趣，让我发些资料过去。事不宜迟，我立刻让同事把海归女性论坛的所有资料发到了James指定的邮箱。

五天后，James还没有给我任何回应，我又主动联系他："James，您好。我们在五天前已经把海归女性论坛的资料发过去了，麻烦您看看。后续还有什么需要我们提供的，烦请告知。"

他回复说："我已经收到了，集团总部还要研究研究，尽快给你答复。"这样一来二往，我们沟通了差不多一个月。终于，James回复我说："安妮，欧莱雅总部回复了，愿意跟你们合作。但是，由于欧莱雅是强势品牌，我们只愿意赞助产品，暂时不会赞助费用。如果此次合作比较愉快的话，未来可以考虑赞助费用。"

欧莱雅有了赞助的意向，我很高兴。但有一个问题。欧莱雅是强势品牌，它赞助活动是有要求的。那就是，参会的每一个会员，都需要现场加入欧莱雅的会籍，并且，欧莱雅

　　　　　　　　　　　　高绩效心智

的营销人员还要去他们挑选的十家会员企业推广彩妆产品，目的是让更多人了解欧莱雅的新品。满足以上两点，欧莱雅才能跟我们合作。说实话，这两点要求给了我"霸王条款"的感觉。虽然欧莱雅是国际大品牌，但也不能强迫我们的会员现场加入会籍，这样会让我们的会员体验感和参与感都特别不好。而且，也不是每家企业都喜欢欧莱雅。很多企业的男性员工人数较多，让欧莱雅去人家公司宣讲彩妆新品，这合适吗？我开始纠结。我既希望欧莱雅品牌赞助我们，又不想接受这些条款。我决定再约James出来聊聊。

　　见面后，我说："James，我看了欧莱雅总部给我们的回复，我想问那两点要求是否可以调整一下。首先，我说一下我的立场。我觉得，海归群体和欧莱雅品牌的目标客群是高度匹配的。海归是高端客群，他们见过市面。他们所选择的品牌，都是品牌中的佼佼者。从这一点来讲，海归人群和欧莱雅应该有很好的结合点。其次，欧莱雅需要的是入会会员，以及到企业去宣讲和推广新产品，而我们需要的，并不是欧莱雅赞助给我们多少产品，而是欧莱雅和海归协会这两个品牌的深度合作。从这一点上，我们是否可以考虑换一种合作模式，即我们减少欧莱雅提供给我们的赞助产品，但我们在对外推广宣传上，联合欧莱雅一起来推。同时，欧莱雅会员入会以及企业宣讲，我们会在会员群里面发布，但希望是自愿模式，而不是强迫他们加入，您看这样是否可行？"

在我的强烈游说下，James认可了我的建议。他觉得这个方向大致是没有问题的，不过他还是需要跟集团再去沟通下，让我给他几天时间。

几天后，James还是没有回复。我按捺不住了，主动联系他，约他喝茶、聊天、打球……让他知道我这个人的存在。我一直没有提欧莱雅的事，也不想给他压力，我只想开开心心地做朋友。那段时间和James见面特别频繁，每次我们有什么活动，我都会邀请他，他的出席率也很高。就这样一来二往，我们变成了很熟的朋友。

终于，一天早上，James给我发了一条信息：欧莱雅集团总部同意按照你的方案来实施。欧莱雅赞助一千二百套化妆品给现场的所有女性嘉宾，赞助四套新品给四位演讲嘉宾。深圳市海归协会所有的对外宣传，都可以体现"欧莱雅"的字样。如果这次合作愉快的话，未来可以考虑赞助现金。

听到这个消息，我们真的万分开心。即使只赞助化妆品，对我们来说也是莫大的鼓励。我们感到非常幸运，因为不是每个平台都可以跟欧莱雅合作。这是一次非常成功的品牌联动。我开始思索，如何让这次合作形成更大的影响。好不容易拿下来的大品牌，必须要让人看到并知晓。

在获得了欧莱雅总部的同意之后，我们把海归协会的logo和欧莱雅的logo放在一起，做一些策划及宣传。我们在公众号里推广，让小伙伴们知道我们和欧莱雅合作了。然后，我们挑选了一些不错的欧莱雅产品送给网络大V们，让他们帮忙转发女性论坛与欧莱雅合作的消息。我们还策划了各式各样的线下活动，比如"海归走进欧莱雅"。我们邀请彩妆师来帮海归美女们化妆，用的全是欧莱雅的产品。我们发动身边的小伙伴帮我们宣传海归协会和欧莱雅的活动，并且告诉大家，这是欧莱雅在中国第一次与一家社团深入合作。

就这样，我们和欧莱雅达成合作的消息，整个海归圈都知道了。大家都觉得我们特别厉害，居然能谈定这么大的国际品牌。而在我看来，我们不仅要付出足够的努力，还要让所付出的努力"更有价值"，让更多人看到。把努力的价值最大化，这才是"聪明的努力"。

安妮说

努力也是有技巧的，那就是"聪明的努力"，要"把努力放大"。努力必须让人看见，才会更有价值。

"靠谱"是你的核心竞争力

．
．
，

　　闺蜜娜娜给我起了一个外号——"靠谱妮"。我觉得这个名字太适合我了，因为我自认为是一个很靠谱的人。但是，"靠谱"到底体现在什么地方呢？我琢磨着。我觉得是，只要是我答应别人的事，就一定会认真做到。但娜娜却不是这样认为。她说："安妮，我觉得你靠谱，并不是因为你答应别人的事就一定会做到，而是因为你的执行力和行动力太强了。人人都可能答应别人帮忙办一件事，但是在一天之内完成和在一年之内完成，完全是两个概念呀！你的靠谱在于，你答应了别人的事，一定会在最短的时间内完成。你的口头禅总是'现在、马上、立刻'，所以我觉得你很靠谱。还有，你永远不迟到的特质，也是你让人感觉靠谱的原因。"

　　原来，"靠谱妮"指的是"超强的执行力"和"永远不迟到"。

高绩效心智

我想起来一件事。一次，一位领导教给我一个任务，让我在三个月内完成一份深圳海归就业和创业情况的调研报告。要完成这份报告，需要做几方面的工作。首先，要设计一千份调查问卷，发放给海归青年们，了解深圳市海归的基本情况；其次，要采访二十个海归企业家和创业者，请他们谈谈对深圳海归创业、就业环境的看法；再次，要走访国内几个海归创业、就业工作做得比较好的城市，如杭州、长沙、太原等，学习人家的经验，以便为深圳相关部门制定海归政策时提供更有效的建议。这份调研报告包含的内容比较多，涉及的范围比较广，对专业的要求很高，没有几个月肯定完成不了。领导安排任务给我的时候已经是9月了，她希望能在年底把这份报告呈报上来，最好不超过12月。但领导又考虑到我从来没有做过类似的调研，这次调研的任务量又实在太大，她怕我在三个月内无法完成，因此决定给我半年的时间去完成它。那个时候，我正在做另外一个项目，手上的事情比较多。不过，我的性格是，绝不把工作往后推，能尽早完成的任务，我一定在最短时间内完成。

　　接到这个任务的第二天，我就开始分解项目，进行安排。首先，我需要找一个有调研报告写作经验的人。出于专业性的考虑，我认为这个执笔人最好是一位大学老师。于是，我马上联系了深圳大学的朋友，把我的需求告诉他们，请他们帮忙寻找有兴趣的执笔老师。然后，我让一个同事来负责调查问卷的统筹工作，并给了他一个时间进度表，希望他在规定的时间内，把调查问卷设计出来。问卷完成之后，再发给会员们进行调查。接着，我打开协会理事名录，寻找合适的企业家。我挑选了十位在深圳市比较有影响力的海归企业家，以及十位在百强企业从事高管工作的海归白领们，让秘书处联系他们，邀请他们接受采访。之后，我安排了三位同事，分别前往杭州、长沙和太原，向当地的海归组织请教工作经验，通过借鉴别人的成功经验，更好地为深圳的海归们服务。一切安排妥当，只用了一个上午的时间。

任务分配后的第二天，我就确定了执笔老师。我跟这位老师开了几次会，对报告的相关情况进行了讨论。老师说，完成报告的主要内容需要一个月的时间。再加上一个月的修改和调整，两个月，这份报告就可以完成。与此同时，问卷调查、人物访谈和城市访问也在有条不紊地进行着。一切都在我的把控当中。11月28日那天，我把完整的调研报告交给了领导。距离领导安排任务给我的那天，刚刚过去了两个月零三天。看到这份沉甸甸的报告，她惊呆了："安妮，你怎么这么快就完成了？我之前交给别人来做类似的事，都要

高绩效心智

六七个月的，你的效率太让我惊讶了！"我笑了笑说："反正都是要完成的，早点完成比晚点完成好。正好赶在年底前提交，不耽误您的时间。"这件事给领导留下了深刻的印象。在那之后，她在各种场合都称赞我："安妮真是一个很能干的女孩，特别靠谱！"

超强的执行力，是检验靠谱与否的一个重要标准。而拥有时间观念，在我看来，是靠谱的最低标准。

我有一个小助理，名叫Chloe。她很能干，又能吃苦，但有一个坏毛病，就是爱迟到。每个月她都是迟到次数最多的那个。考勤表上经常写着：Chloe迟到58分钟，Chloe迟到112分钟。最夸张的一次，Chloe迟到了687分钟。好几次开例会，Chloe总是姗姗来迟，然后慌慌张张地说"对不起，对不起"。因为这个问题，我不知道说过她多少次。

有一次，我和Chloe约了一个客户见面，约的是下午三点。我的习惯是从不迟到。所以，大概两点半，我就到了咖啡厅。快三点时，客户到了，但是Chloe还不见人影。我打电话给Chloe："请问你在哪里？"她慌慌张张地说："安妮姐，我还有两个红灯就到了，不好意思，我尽快。"我一下子就火了："你能不能有点儿时间观念？！"我把电话挂了。

为了不冷落客户，我和客户聊了起来。等Chloe赶到的时候，已经是三点十五分了。她足足迟到了十五分钟。她一直向我们道歉，说开错路了云云。客户笑了笑说："没事，不着急。"聊完之后，我把Chloe留下来，问道："你为什么就不改改你迟到的性格？你到底是卡在哪里了？"

她哭丧着脸说："安妮姐，我也不知道为什么，每次出门前都拖拖拉拉，一上路又发现时间不够用了。我也知道自己这样很不好，很想改。"

我对她说："优秀的人不一定守时，但守时的人，通常都很优秀。起码你会赢得别人对你的尊重。想想现在的人时间多宝贵，让人家等你，你知不知道你浪费了别人15分钟？我们整天说，要越来越优秀。如果连守时这个基本要求都做不到，你很难变得优秀！"

Chloe很认同我说的话。她立志说："从现在开始，我再也不迟到了。以后每迟到一次，就罚款500块！"我被这丫头认真的样子逗乐了。人都是需要点"痛"来逼迫她改掉某些坏毛病。

自那以后，Chloe变得守时了许多。虽然不一定比我早到，但是起码不迟到了。我发现她越来越靠谱了。其实，她唯一变的，就是——越来越守时！

不要小看一点点时间。守时和永不迟到，是衡量你这个

高绩效心智

人是否靠谱的重要指标。当你的执行力和行动力越来越强，越来越重视时间观念，你就越来越靠谱。而"靠谱"，将是你在职场中的核心竞争力。

✦安妮说

　　超强的执行力，是检验靠谱与否的一个重要标准。而拥有时间观念，在我看来，是靠谱的最低标准。

所有"高明"的话，只有出自我们的真心，才能触动他人的灵魂。

第六章

高明的说话方式：
关键时刻，化解各种阻力

重要的不是理由，而是措辞

：

，

我的同事CJ是一个心思很细腻的人。他做事很有原则，也很规范，交给他的任务，他不仅能办好，还能举一反三办得很好。只是，他在与其他同事相处的时候貌似有点儿小问题。

有一次开例会，我让同事Wendy上台做上个月某次活动的总结。然后请同事们一一上台说说这次活动的优缺点。每个人都要说，并要说得真实，不要因为顾及谁的面子而有所保留。于是，大家依次表达了各自的看法。

轮到CJ了，他一上台就气势汹汹的："我觉得这次活动真是太让我失望了，简直不能想象。我们做了那么多年活动，竟然连电脑播放都会出问题，这根本就是一个笑话。此外，背景音乐也被调得乱七八糟的，让人感觉很不专业，也不知道负责的人到底有没有花心思……总之我觉得，这次活动做得很不好，完全达不到我们的正常水平……"CJ噼里啪啦地对Wendy一顿"狂批"，并且用了很多很强烈的形容词——"乱七八糟""不能想象""笑话"等。我看到Wendy的脸色变得很沉重，眼看着就要哭了。

其实，我知道Wendy是有苦衷的。她才来协会不到一个月，我就让她负责这个大项目，对她来说，的确是一个很大的挑战。我衡量一个人工作状况的标准是，不会看这个人是否做错了，而是看他（她）的工作态度是否积极。只要她的态度积极，敢于承认错误，并全力推进后续工作，我就认为他（她）是一个可塑之才。因此，我对Wendy更多的是理解，而不是责罚。

而CJ对待一件"不够完美"的事的态度经常是批评，否定，不认可。虽然他讲得都没错，但是Wendy一句也没听进去。对于Wendy来说，有效的建议首先得是能让她安心接受的建议。像CJ这样强烈的负面建议，Wendy是接受不了的。不光是Wendy，我想大多数人都难以接受。

这个时候，我就让协会中情商最高的Vicky来点评。Vicky是一个温文尔雅的女孩子。她有个特点：说话的时候慢条斯理，很在乎别人的感受。我让Vicky把CJ刚才的意思重新表述一遍给Wendy听。

"Wendy，首先，我觉得你能在一周之内把这个活动做下来，就是一件了不起的事。最近我们团队都特别忙，没有给你什么帮助，在这里，我先代表大家表示歉意。这段时间，你真的辛苦了。"Vicky果真情商高，一开篇就用了"共情"的方式，表达她的态度以及对Wendy的肯定。我看到，Wendy沮丧的脸舒展了一点。

"这个活动，如果一定要我打分的话，我打7分，及格以上。有这么几个原因：首先，我们按照领导的要求，按时按量完成了任务。现场来了三百多人，达到了参会人员的最高标准。演讲嘉宾分享得特别好，观众互动也很到位，整体感觉是不错的。会后我问了几个参会者，他们也觉得我们的活动做得很好。虽然这期间有几个小失误，但我认为，这不足以影响整个活动的完成度。因此，根据整体情况，我给这个活动打7分。"Vicky从客观角度，给这个活动做了全面的总结。

"但同时，我们是否还有进步的空间呢？我觉得是有的。就像刚才大家提到的，电脑在演讲中途出现问题，突然死机，导致大屏幕黑屏，麦克风失效。这些问题的确引起了现场的短时混乱，使得演讲嘉宾乱了分寸。还好有主持人救场，我们的活动才能有惊无险地进行下去。虽然这是个意外，但是不是也在提醒我们：未来除了彩排的时候需要测试电脑，在开始前一个小时，是不是还应该再测试一次？又或者，我们是不是要准备两台电脑，万一有一台死机了，还有一台备用？这些都是我们需要考虑的。第二，就是刚才提到的背景音乐的问题。这次的音乐的确有一点不符合论坛的调性，下次我们要再仔细一点，把音乐曲目分类。不同的活动搭配不同类型的音乐，这样才会让观众感受到我们的专业。"

"Wendy独自一人完成这样一场大型活动，只出了两处小错误，我觉得是可以理解的。在这个时候，我们要给Wendy更多的支持和鼓励，而不是批评。因为我们是一个团队。相信经过这次活动的历练之后，Wendy的能力会更上一个台阶。你们或许不知道，在活动之前，我有好几次看到Wendy加班到凌晨两点。这种刻苦敬业的精神，是不是很值得我们学习？"Vikcy边说边鼓掌，同事们也跟着鼓起掌来。Wendy被感动得落泪了。

Wendy激动地说："安妮姐，同事们，这次是我做得不到位。对不起！我保证，以后这样的错误再也不会发生了，谢谢你们给予我改正的机会。"

待Vicky说完，我问Wendy："刚才CJ和Vicky都给了你建议，你给他们分别打多少分？1分是最低分，10分是最高分。"

Wendy说："给CJ打3分，给Vicky打8分。"

我说："非常好。"我看向CJ："看到了吗，你还有5分的进步空间。真正有效的沟通，不在于你说了多少，而在于对方接收到了多少。沟通中最重要的不是我们的理由有多正确，而是我们的措辞能否让对方接受。"

这次例会开完以后，大家都表示很受益。从中，我看出了不同同事的性格，也知道了未来要如何帮助他们提升。

我们每天都在与人打交道。会说话的人，更容易被人接受，被人喜欢，甚至得到的机会也更多。不会说话的人，哪怕再有能力，也很难被人发现和欣赏。"会说话"是我们在职场中的重要竞争力。学会优化我们的措辞，会让我们在职场中更加游刃有余。

✦ **安妮说**

真正有效的沟通，不在于你说了多少，而在于对方接收到了多少。沟通中最重要的不是我们的理由有多正确，而是我们的措辞能否让对方接受。

高绩效心智

嘉许与肯定的力量

·
·
，

    曾经的我是一个不太会赞美别人的人。或许那个时候，我关注的焦点都在我自己身上。后来，当我学会了"嘉许与肯定"，我发现，我的人生发生了奇迹般的改变。

    我有一个好朋友叫Alan，我们都喜欢称呼他为"蔡教授"。不是因为他真的是教授，而是因为他平时话不多，但每次说出来的话都很有"质量"，很容易说到别人心里去。比如那次，我获得了"深圳十大风云人物奖"，我就发了一条信息给"蔡教授"，告诉他我获奖了。他的回复不是简简单单的"哎呀，你好棒啊！你太厉害了！你太优秀了"，而是"安妮，从我第一天认识你，我就知道你会获得这个奖。不是这个'风云人物奖'成就了你，而是你成就了这个奖。你让这次获奖变得意义非凡，实至名归"。

    天哪，这是多么感人的一番赞美！瞬间让我感觉我整个人都发光了。我觉得Alan的"嘉许与肯定"的能力太厉害了！

还有一次，我们一起吃饭，一桌小伙伴谈着自己的人生经历。轮到我时，我回忆起了曾经发生在我身上的几件悲催的事，说着说着几度落泪。我告诉大家，我真的很感恩现在的美好生活，感谢在我生命里出现的贵人，感谢曾经帮助过我的朋友们。现在的我，在努力变得更好，而且也真的越来越好。突然，Alan说了一句："安妮，你知道为什么你越来越好吗？"我问："是因为我很努力吗？"Alan笑了笑说："你的人生注定会越来越好，因为你有发自内心深处的善良。"听完之后，我的泪湿了双眼。我真的特别感动，因为他说到我心里去了。

我发现，我和Alan相差的，就是这种"发自内心的嘉许和肯定"的能力。Alan的赞美是与众不同的，它起码有三个特点：第一，他的赞美很有画面感；第二，他的赞美能够"触摸"到人性；第三，他的赞美很真诚，很走心。

我是一个不太会赞美的人。或者说，我的赞美通常只停留在表面上，比如，"你今天好美啊""这件衣服好好看啊""你的发型好帅啊"。我不知道什么叫"走心的赞美"，而Alan在这方面就是一个很好的老师。

既然找到了我的短板，我决定向Alan学习，寻求改变。

于是，我开始了我的"走心赞美"旅程。

我有一个朋友，他是一位优秀的海归投资人，人品很好，在深圳很有地位和影响力。只是他给我的感觉总是高高在上的，很难接近。大概在五年前，在我怀孕五个月的时候，我去医院产检时碰到过他。那次遇见让我对他有了更深的认识。虽然这件事已经过去了五年，不过我还是决定尝试一下"发自内心的赞美和嘉许"，看会不会改善我和他的关系。

于是，我发微信给他。

"Adam，请问您在吗？我有一件事想跟您说。"我说。

过了许久，他回复道："秘书长，请问您找我有何事？"

我说："Adam，我知道这样突然联系您很唐突，但是有一件事我一直想跟您说。这件事虽然发生在五年前，但是对我的帮助和影响很大，所以我特别想跟您分享一下。"

他很惊讶地问："是什么事？"

我说："五年前的一个上午，我去人民医院做产检。当时是上午十点多，我已经检查完了，正准备离开时，碰巧遇到您陪太太来做检查。我很惊讶地跟您打了个招呼。您说您正在排队，等待叫号。我看到您的号码是386号。人民医院产检的条件非常差，您和您太太的衣服都被汗水打湿了。你们夫妇一直站着，连休息的座位都没有。于是我就问您，为什么不找人'打个招呼'呢，连我这个不知名的小人物，都提前看完了，您可是深圳的大人物啊！结果，您对我说：'哎呀，没关系啦，尽量不要去麻烦别人。我们就等等吧。'当时，我就被您的这番话感动了。"

我继续说："您让我看到了不一样的一面。我本来以为，像您这样的优秀投资人是很高调的，不容易接近的。可是那个时候，您让我感觉特别温暖，也特别惭愧。温暖的是，您真的非常善良，非常朴实，非常低调，让我很敬佩；惭愧的是，我没有学到您这样的优秀品质，我为自己的行为感到难过和自责。我今天没有什么特别的事情，就是想把我对您的尊敬和佩服表达出来。这件事您可能都忘记了，但它却一直影响和激励着我。深圳太需要您这样优秀的投资人了。希望未来我能有机会向您多多学习，共同进步。"说到这里，我停止了。

我估计Adam被我吓着了，这突如其来的嘉许和肯定弄得他一头雾水。不过他还是开心地回复了好多："安妮秘书长，您言重啦！这是很小的一件事情。我这个人本来朋友就不多，能不去打扰别人，我就尽量不去打扰。您能记到现在，真的让我很感动呢！您才是我学习的榜样。"

就这样一来二往，我们聊了起来。这位"高高在上"的、似乎难以企及的投资人，突然不再那么高冷了。那一年中秋节，他还给我寄了两盒月饼，并且在里面附了一张卡片："安妮，美丽的皮囊千篇一律，感动的灵魂万里挑一。愿你我都保持这份对世间的感动，做一个让世界感到惊喜的人。"

我太喜欢他这句话了："做一个让世界感到惊喜的人。"我渐渐发现，人活在这个世界上，最大的幸福，就是"我自己深感惊喜的同时，让我身边的人深感惊喜"。深感惊喜的人，一定会活在幸福之中。

就这样，我和Adam成了无话不谈的好朋友。我发现，嘉许和肯定有着神奇的力量，可以让我们走入别人的内心。真正的嘉许，不是简单的赞美，而是发自内心的认可、肯定和鼓励。它们一定要发自我们的肺腑，才能触动他人的灵魂。嘉许和肯定，不但可以增进我们的人际关系，让我们变得越来越受欢迎，还能让我们身边的人，因为我们的一句话、一段文字，变得更有力量，更爱这个世界。他们的人生，或许会因为我们的一点点鼓励而变得不一样。

✦ 安妮说

> 真正的嘉许，不是简单的赞美，而是发自内心的认可、肯定和鼓励。它们一定要发自我们的肺腑，才能触动他人的灵魂。

以"我们"化解阻力

　　:
，

　　我有一个好朋友，他是中国顶级的商业咨询顾问。他有一个很霸气的名字，叫"王成功"。我打趣他："你叫这个名字，想不成功都难啊！"但我没好意思总是"成功""成功"地叫他，我还是比较喜欢称呼他的英文名字——Simon。

　　Simon是我认识的人中，情商数一数二高的人。他虽然个子很高，一米八四，但他跟你在一起的时候，完全不会让你感受到压迫感。因为他特别低调谦卑，总是很照顾身边人的感受。但其实，他是一个非常有才华的商业咨询师。

　　有一次，Simon告诉我，他在帮一家央企收购涂料公司。如果我认识相关的企业，可以推介给他。我想了一下，我正好认识一家公司，是广东省涂料百强企业。于是，我介绍给了他。

我们约好在涂料公司与老板陈总见面。陈总早就听我介绍过Simon。我告诉陈总，Simon是一位非常厉害的商业咨询师。只是我没有告诉陈总，Simon其实很年轻，他才三十岁。在陈总的印象中，服务过上百家上市公司，并且自己还做过三家上市公司的企业家，应该已经年过半百了。结果一见到我身边站着个高大英俊、风度翩翩的年轻小伙子，陈总的脸色一下子就变了。我知道陈总心里有落差了。都怪我当时没有解释清楚，我心里十分懊恼。

　　我们坐进会议室以后，陈总就让他的副总为我们介绍企业的情况，他在一旁沉默不语。副总首先对我们的到来表示感谢，说陈总是一位非常有使命感和社会责任感的企业家。他做企业三十多年，身边的员工很多都是跟随他十几二十年的，甚至还有从陈总创业就跟随他的，可见陈总的人格魅力非同一般。这家企业是非常传统的企业，一个靠谱的商业策划师的加入，会对他们有很大的帮助。

　　副总滔滔不绝地说了半个小时，陈总却一言不发。我为了缓和气氛，主动问陈总："陈总，我们慕名而来，想问一下，您做企业这么多年，这一路是不是很艰辛？"陈总说："当然艰辛啦，创业哪有不辛苦的。"

　　我刚想再问一个问题，就被Simon打断了。他看着陈总，笑了笑说："陈总，我看到您的办公室里贴了很多字画，比如这幅'上善若水，厚德载物'。看得出，我们陈总对中国儒家文化很喜欢。"

听到这番话，陈总脸上稍显愉悦："中国传统文化还是很值得我们学习的，现在的年轻人都图短平快，而忘了本。我们中国的古人可是很有智慧的。"

Simon继续问道："那我们平时有跟员工宣传中国传统文化吗？"

陈总说："当然有啦。只有认同我的价值观，才能在一个团队共事这么久啊！"

Simon对着我说："你看，我们陈总之所以成功，是有原因的。因为陈总是一个有大爱的企业家，推崇中国传统文化，一心向善，成人达己。这样的企业家，我们跟着他，肯定没错。"

这句话终于把陈总逗乐了。会议室的气氛融洽了许多。

"Simon，非常感谢你对我们企业的青睐。我做企业三十多年，从一个打工者，到现在拥有二百多个员工，这一路走得还是挺艰辛的。但我始终深信一点，那就是，我是一个良心企业家，我做人做事很仗义。我觉得做企业的最终目标不是盈利，而是回报社会。我就是因为一直以来本着这个初

　　　　　　　　　　　　　高绩效心智

衷，所以好几次落难，都有朋友搭救。我的总结是：在你落难的时候，你曾经帮助过的人，不一定会帮你，但曾经帮助过你的人，还会一如既往地帮助你。"陈总一直在讲他的创业历史。

Simon把话题引回来："陈总，听完您的介绍，我感觉您是非常靠谱、非常务实的企业家，难怪在业界口碑这么好。您这一路走过来，真的特别不容易。另外，我想问一下，目前我们企业的营业额是多少？我们对未来的规划，又是怎样的？"

陈总一听问到他的专业了，更加兴致盎然："我们企业不大，但也是行业内百强。目前的营业额是三个亿，利润大概八千多万。虽然不是很高，但我们的发展很稳健。我希望三年以后上市，现在已经有券商在跟我沟通了。不过，我还在考虑和哪一家合作。"

Simon接着陈总的话问道："那我们计划在哪里上市呢？是A股、美股，还是港股？有这方面的规划吗？"

陈总回答："这方面我不懂啊，您有什么建议吗？"

Simon回答："听我们副总介绍完以后，我感觉我们在美股上市还是很合适的。如果陈总愿意的话，我可以把我的计划跟您汇报一下。后续我们可以重新做一个商业定位，然后再做股改。相信在我们重新调整结构以后，上美股应该不成问题，因为我们是一家非常优秀的企业。"

Simon说完这番话，陈总的脸上露出开心的笑容，连声说："好呀好呀，那你就说说你的计划吧。"气氛已经变得非常愉悦和谐了。我终于舒了一口气。

在这个过程中，我观察了陈总是如何被Simon说服的。刚开始，陈总对Simon是有所质疑的。他用沉默刻意拉开了与我们之间的距离。但是Simon先对陈总的企业文化表达了"嘉许与肯定"，然后，在接下来的对话中，他一直在说"我们"——"我们陈总""我们企业"。Simon用"我们"，把陈总拉到同一阵营中，让陈总对他产生了认同感。而我在表达的时候，经常说的是"你"和"我"，这样非但没有把关系拉近，反而让关系更加疏远了。

在职场中，智商固然很重要，但情商更具竞争力，尤其是在与人沟通的时候。不妨试试以"我们"代替"你"和"我"，拉近彼此之间的距离。当大家站在同一阵营的时候，一切才有可能向更好的方向转化。

在与人沟通的时候，经常说"我"和"你"，这样非但不会把距离拉近，反而会让关系更加疏远。不妨试试以"我们"代替"我"和"你"。

大人也爱听故事

：

，

很多人觉得我是个"营销高手"，其实，我只用了一招，那就是——讲故事。不要以为"听故事"是小孩子爱做的事，其实，人人都爱听故事。关键在于，你要怎么讲。

在现今社会，"会讲故事"是一个人的核心竞争力之一。一个好的故事，需要具备细节、情节和价值观。同时，这个价值观中应该包含着"较量"和冲突。好的故事中，人物要有所成长，并且故事的结尾要触及更深层的人性。

经常有人来跟我咨询，要如何加入海归协会，加入协会有什么好处。按照我以往的做法，我会介绍协会有多少资源，办过多少活动，有多么厉害……总之，核心就是"我们很好很厉害，你赶紧交钱加入吧"。但时间久了，我发现这个招募会员的方法并不是那么有效。有很多小伙伴会问："其他商协会也很厉害啊，我为什么要加入你这个呢？"于是，我又要解释一番我们与其他社团之间的差异。总之，我要花费很长的时间，才能引起潜在会员的兴趣，说服他们加入我们协会。

后来，我改变了策略，我用"讲故事"的方法来招募会员。我先分析了一下想加入海归协会的小伙伴们都有哪些诉求。通过这些年的观察和问卷调查，我发现，想加入深圳市海归协会的小伙伴们，主要有四类需求：第一，找工作。特别是希望能去知名的大企业工作；第二，找资金。希望能融资或寻找靠谱的投资人；第三，找客户。希望能通过这个平台来拓展客户群体；第四，找对象。希望能在这里找到男女朋友或人生伴侣。

梳理出这四类需求后，我针对每一类需求整理出了一个故事。这些故事都是真实的故事。

不久前，一个毕业于美国宾夕法尼亚大学的高材生Mike找到我："安妮姐，我想加入海归协会。我刚回到深圳，想看看有没有合适的企业可以锻炼一下。"我明确了他的需求，他是要找工作。

"我跟你讲一个故事。大概在八年前，我们协会有一个创始理事叫Jenny。Jenny当时刚从英国回来，加入协会之后，通过协会的介绍，去了中国银行做销售助理。Jenny是很聪明、很出挑的女孩子。她很努力，在中国银行工作两年，把我们大部分熟悉的会员都拉过去开户了，包括我自己。她说，你来蛇口网点开户，我送一个保温杯给你，再请你吃饭。凭借超强的营销能力，她只用了两年时间，就从一个销售助理做到了中国银行支行行长。三年后，她的业绩已经非常出色了。我们这个平台一直在助力于她，给她对接了许多高端客户。两年前，她被香港渣打银行挖了过去，现在是大中华区营销总裁。挖她的这个香港人，也是我们协会的合作伙伴。你觉得，海归协会对你有没有帮助？"我滔滔不绝，一口气讲完了这个故事。Mike听完眼睛都亮了，二话没说，立马入会。

过了不久，一个从德国回来的小海归Lee准备在深圳创业，他要引进一款国外的医疗设备。他跑来找我，咨询我如何加入协会，以及入会有哪些益处。

我说："Lee，像您这样回深圳创业，通过海归协会受益的创业者，实在是太多了。我们协会有一个副会长叫Jessica，她从事的是早教行业，主要做儿童美育，她的品牌名叫'多多熊'。三年前，她加入海归协会的时候，只有不到十家店。Jessica是一个很有拼搏精神的人，同时也很乐于助人，善于社交，几乎我们每次活动她都参加。我们也都很喜欢她。她到任意一个城市去发展事业，我们都会对接当地的海归资源给她。由于深圳市海归协会是全国做得最好的海归组织，所以Jessica代表我们去拜访国内任意一个海归社团，都会受到非常高的礼遇。就这样，在三年内，多多熊从不到十家店，发展到一百家店。这不是重点，重点是，她在去年完成了A轮融资。投资她的人，也是我们协会的一位会员。因为彼此熟识，彼此认可，他才决定帮助Jessica，完成华丽的转身。"

听我讲完这个故事，Lee激动地说："太棒了，海归协会成就太多人了！我马上就加入，我要跟着这个大平台一起发展。"

有的时候，我也会遇到一些要找客户的会员。有一次，澳大利亚海归Maple问我："安妮，你觉得我可以在海归协会找到客户吗？"遇到这类问题，我通常不会回答"可以"。我会给她讲一个真实的故事：

"我们有一个创始副会长叫Jack，他是做有机农产品的。他在武汉、东莞、海南都有自己的农产品基地，并且都是国家示范基地。只是，他家的有机蔬菜大部分销往'新马泰'和中国香港、澳门地区。当时，海归协会刚刚成立，我们建议他开通一个协会内部平台。协会有一千多个会员，如果有一半会员每周订他的蔬菜，那也是一笔不小的数字。在我们的建议下，他开通了海归内部渠道。不到半年，他告诉我，他的利润已经达到几十万了。虽然和他总体的销售数额比起来，只是小巫见大巫，但这只是个开始。深圳有一万多个社团，如果每个社团销售额是五十万，也是一笔不小的数字了。之后，我们又把深圳知名的高端餐饮机构对接给他，因为这些餐饮机构大部分都是我们的合作伙伴。现在，深圳排名前十的餐厅，订的都是他家的有机蔬菜。你觉得，我们这个平台对他的业务拓展，有没有帮助？"这个故事，其实已经回答了Maple的问题。

还有一类海归，加入协会的目的是找对象。这个时候，我会给他们讲Neo的故事：

"我们协会有个海归叫Neo，他特别喜欢跑步，于是，他成立了一个'海归跑团'。由于现在喜欢跑步的人太多了，不到一个月，这个跑团就发展出了罗湖跑团、福田跑团、南山跑团，还有早跑团和夜跑团。Neo是加拿大海归，单身，一直想找个靠谱的女孩子结婚。后来，他在管理跑团的时候，认识了一个女孩子，也是我们的会员。他们因为共同的兴趣爱好而结识，不久以后就确定了恋爱关系。上个月，他们已经领证了。这两位会员特别感谢我们，觉得是我们协会成就了他们。其实，是他们找对了组织，并且在这个组织里，彼此成就。"

高绩效心智

看，会讲故事让营销变得特别简单。讲故事的时候，不要努力去"讲"这个故事，而是要让我们自己，去"成为"这个故事中的一员。就像我在前面所说的，好的故事，应该具备细节、情节，以及好的价值观。故事的主人公要在这个故事中得到成长和提升，最终取得足以"打动人心"的结局。有时，"道理"是枯燥乏味的，用"讲道理"去与人沟通，很难达到理想的效果。这时，不如讲个故事。因为人容易被故事打动，却不容易被道理说服。学会讲故事，你的沟通能力，将获得很大的提升。

安妮说

讲故事的时候，不要努力去"讲"这个故事，而是要让我们自己，去"成为"这个故事中的一员。

请记住：一颗星星，组成不了一条银河。

第七章

协作的要领：让团队变聪明

选择认同你的人，而不是你喜欢的人

:
,

　　多年前，我结识了一位做媒体的小姐姐Anna。她当时在深圳一家知名的电视台做主持人，是那家电视台的招牌花旦，经常采访市领导和上市公司的老板，在媒体圈有名得不得了。她颜值高，又有气场，走到哪里都能吸引一群粉丝。她不但是电视台的代言人，更是深圳媒体界的一张名片。就是这样一个小姐姐，在她的事业做得风生水起的时候却辞职了。听说，是自己去创业了。

　　有一天，这位小姐姐联系我，说有些事情想麻烦我。我当时感觉有点儿惊讶。因为我们只是认识，并不十分熟悉，加上有很多年没联系了，我很意外她竟然还保留着我的联系方式。不过，既然她肯找我帮忙，我一定会竭尽全力帮助她。

　　于是，我如约来到了Anna的公司。她的公司坐落在深圳

高绩效心智

一个文化创意园里，那里以艺术气息浓厚而出名。公司的位置很好找，就在咖啡厅楼上，那里只有她一家企业。还没进门，我就忍不住感叹：这办公氛围也太有情调了吧！

上了三楼，一进门，映入眼帘的是古香古色的中国风装饰：接待台是红木的，墙上挂的是古代名画，办公桌上随处可见各种摆件。一眼望去，感觉个个"身家"不菲。我早有耳闻，Anna是一位资深的艺术品爱好者。她特别喜欢艺术作品，特别是中国古典艺术。她说，她赚的钱几乎都用来买各种艺术品了。她家俨然已经成为一个大型艺术品"仓库"，现在，就连办公室也快摆满了。逛了一圈，我感觉这里不像一间办公室，更像一个艺术品展厅。

Anna见到我很开心："安妮呀，你终于来了，我现在太需要你帮忙了。"

我好奇地问："Anna姐，请问您找我有什么事啊？这么着急。"

Anna说："我创业三年了，现在遇到了很大的瓶颈，主要是人才的问题。我知道你在做海归招聘会，你能不能帮我介绍几个海归？什么样的都行，越多越好，各类都要。"

我一听就晕了。来找我帮忙推荐海归人才的企业家很多，但几乎没有像Anna这样的——没有条件，各类都要。一般情况下，企业家会跟我说："安妮，我需要技术类人才，工科毕业，有三年以上的工作经验。"又或者，"安妮，我需要做市场营销的人才，最好在相关行业工作过，有一定的人脉资源。"像Anna这种要求实在有点儿超乎我的想象。我赶紧坐下来，询问Anna详细的情况。

Anna的公司里大概有二十多位员工，坐得密密麻麻的。人虽然不少，但感觉办公室里气氛很压抑。大家各自埋头苦干，很少交流。搞得我也只好压低了声音，弱弱地问："Anna姐，我看您公司里有挺多人的嘛，您还需要招聘哪类人才呀？"

我似乎问到了Anna的"痛点"，她开始滔滔不绝："安妮，你不知道呀，我的公司里虽然员工很多，但关键时刻都没有什么用。活儿都是我一个人干，还得给他们发高薪。就拿我那个助理来说吧，我让他写份报告，他居然连金额和日期都能写错。我得负责跟在他后面检查错漏。所以，他不是我的助理，我是他的助理才对！本来以为他会开车，所以让他兼职当我的司机，结果他天天开错路，害我经常开会迟到，耽误了好多工作。"Anna启动了"抱怨"模式。

我问："那您之前是如何招聘到这位助理的呢？"我很好奇，这样的助理是怎么通过面试的。

"是朋友介绍的呀！我看这个男孩子个子高，形象好，性情也随和，蛮招人喜欢，所以就录用啦！但没想到他那么笨，怎么教都教不好。"原来，Anna不是看工作能力，而是看这位小助理的形象和性情不错，就录用了。我感觉Anna选人的标准真是太奇特了。不仅奇特，还很随意。

"哎呀，别提这个助理了，我跟你说正事。听说你正在办海归招聘会，我需要招聘很多人，但现在最急迫的，是需要一个大客户销售总监。你帮我物色一个优秀的海归呗？我的大客户都是外资企业，对英语的要求很高，我觉得海归特别合适。"Anna切入主题。

"没问题啊，我们协会下周末举办海归招聘会，您现在报名还来得及。这样吧，您安排一个同事跟我对接，我给您安排一个醒目的位置，这样更容易收到优秀的简历。"

听了我的话，Anna对着门外喊道："小玲，过来一下。"

一个长得很精致的小女生跟跟跄跄地跑了过来："老板，您找我有事啊？"

"这位是海归协会的安妮秘书长，协会下周末有个海归招聘会，你负责跟进一下。"Anna姐姐的执行力也超强。

可是，小玲疑惑地看着我说："我负责啊？"

Anna有点儿压不住火气，说道："你不负责，难道是我啊？"

小玲没再反驳，只是边走边低声地"碎碎念"："可是我没做过啊……公司那么多人，干嘛找我呀……"

Anna有些难堪地对我说："安妮，你看，我们公司的情况就是这样。虽然有二十多个人，但是值得重用的没有几个。小玲也是我在一次饭局上认识的。当时看她说话做事情商很高，又很想进传媒行业，我就招进来了。可是你看，安排她个工作还推三推四的。你说，都是这样的员工，我累不累？根本就是我在为他们打工。真是气死我了。你赶紧帮我找人，我要把现在的人全换掉。"

这时，我才终于读懂Anna的"招聘思维"。她选择的人，都是身上有一些特点是"她喜欢"的，比如有人颜值高，有人情商高。但这些人，在思想上不见得认同她。不认同她的人，或许会与她工作一时，但肯定不会真心实意地一直跟着她往前走。一个企业的老板，在某种程度上决定着这家企业的文化特质。老板在选择员工的时候，应该选择那些"认同你的企业文化"的，而不是一味选择"你喜欢"的。

与Anna形成鲜明对比的是一个做建筑装饰的老板。他的公司现在已经跻身全国百强企业了。他告诉我他的人生曾经遭遇过两次大起大落。在那两个低谷时期，公司财务瘫痪，资金

　　　　　　　　　　　　　　　　高绩效心智

链断裂，发不出一分钱工资。但是，那九个月，他的高管团队没有一个人离职，大家选择不拿工资，拼了命跟他一起渡过难关。我问他：是什么原因让这些高管愿意跟着他一起面对困难？他说因为他选择的人都是认同他，也认同他们企业文化的人。他们从内心深处认同他的为人，所以当公司遇到重大困难的时候，他们会支持他，陪着他一直走下去。他们之间不仅仅是事业上的合作关系，更是精神上的伙伴关系。

所以，在组建团队的时候，一定要选择那些认同你、认同你的企业文化的人。只有价值观一致的人，才会一直跟着你，一心向着你，打造出高效、和谐、有力量、有未来的团队。

安妮说

在组建团队的时候，一定要选择那些认同你、认同你的企业文化的人。只有价值观一致的人，才会一直跟着你，一心向着你，打造出高效、和谐、有力量、有未来的团队。

为团队打造"共同梦想"

:
,

上个月，我去杭州出差，拜访了一家上市公司的董事长张总。张总是一位儒雅的企业家，说话慢条斯理，温文尔雅，好像从来不会生气一样。跟他接触好几次，他留给我最深刻的印象是，很照顾对方的感受。跟张总交往感觉很舒服。这种"舒服"来自于他的亲切感和亲和力。他完全不像人们刻板印象中的上市公司的老板，那么高冷、霸气，更像一个关心你、支持你的大哥哥。更重要的是，张总为人非常低调。认识他这么久，我都不知道他是保送清华大学的高材生，还是牛津大学的法学博士。"低调，奢华，有内涵"，形容的就是张总这样的人。我被张总彻底"圈粉"了。张总告诉我说，他的人生座右铭是："仰望星空，脚踏实地。有目标，沉住气，踏实干。"十年不抬头，一抬头，他已经一不小心成了行业第一。

张总知道我来了杭州，本想接待我，正巧那时有领导考察，于是张总就安排他公司的总经理Jay来接待我。Jay也毕业于名校，曾在华尔街做过金融，现在是张总的合伙人。Jay也超级低调。跟他相处了一整天，他从没说过一句表露自己的背景和实力的话。有关他的一切都是张总后来告诉我的。Jay带我参观了他们的公司，介绍了公司的情况。我问Jay："为什么你会想加入这个公司呢？"Jay跟我说："人总要有点梦想，我加入这家公司，是因为我们有共同的梦想。我们希望把公司打造成一家在中国有影响力的企业。仰望星空，脚踏实地，一步一个脚印。"天，Jay的表述几乎和张总一模一样。"这家企业的文化真是深入人心啊。"我在心中感叹。

到了晚上，Jay叫来另一位同事Abby，大家一起吃饭。Abby长得眉清目秀，也是个非常优秀的女孩。Abby告诉我，她追随张总做事已经有十二年了。我很惊讶，原来她在这里工作这么久了。我问："在这十二年中，您就没有一刻想过要离开吗？"Abby回答我："真的没有。我从一加入这个团队，就梦想着和小伙伴们一起走到最后。我们的目标是把公司打造成行业内的标杆，我们要做一家有影响力的良心企业。不急功近利，不急于求成。有目标，沉住气，踏实干。"Abby笑着说。

我当时就惊呆了。他们三个人说话的语气几乎一模一样，内容也相差无几——有使命感，有社会责任感，有目标；仰望星空，脚踏实地；低调，务实，靠谱。我对他们的企业文化产生了浓厚的兴趣。我说："我太佩服你们了！你们的企业文化真是了不起！不过，我还是要冒昧问一句，你们是真的这样想，还是被企业培训出来的？"

Jay笑着说："安妮，你知道吗，我们这些追随张总很多年的高管，都有同一个梦想，就是把企业打造成行业内的标杆的同时，努力回馈社会。我们团队从来不会计较个体利益，而是会站在社会的角度去考虑问题。这么多年来，我们早就形成了共同的价值观，那就是——成人达己。我们每做一件事之前，都会先考虑，这件事是否能帮助和成就别人。如果是，我们就去做；如果不是，即便利润再高，我们也会放弃。"

Abby继续说："其实，这是符合宇宙运行规律的。当我们努力去成人达己，做良心企业的时候，客户也会越来越喜欢我们，因为他们能够感受到我们的真心。我们的品牌影响力会越来越大，因为我们一直在努力回报社会。"

我终于明白了，张总的团队之所以如此高度统一，是因为团队有着"共同的梦想"。每个人都希望打造中国的良心

高绩效心智

企业，回报社会。而每一位怀抱这个梦想的高管，都有着一致的价值观——成人达己。

Abby接着说："你知道吗，由董事长带头，我们所有的高管，每天都会在本子上写这样一段话，'老板有信仰，团队有力量，企业有希望。有目标，沉住气，踏实干。'我们坚持写这段话，写了很多年。每天，我们都会把写好的文字拍下来，发到群里。这样充满正能量的价值观，已经深深地根植在我们的信念中了。"

好齐心的团队。我被他们这样的方式震撼了。

"我想请教一下，在你们创业的这些年中，就没有遇到困难吗？如果遇到困难，该怎么办呢？"我提出了我的疑惑。

Jay笑了一下说："在奔跑中调整姿态。办法总比困难多。我们从来不会去抱怨任何事，总是把焦点放在解决问题的办法上。"

在奔跑中调整姿态。虽然前路漫漫，但大家始终朝着一个方向奔跑。如果遇到问题，就一边"跑"，一边调整姿态。

我终于明白了，为什么张总能吸引到这么多优秀的人才。因为他为团队打造了"共同梦想"。这个"共同梦想"又是在"利他"的基础上形成的。他们在成就别人的同时，也在成就着自己。当每个人都能"利他"，那么这个世界将越来越和谐，越来越温暖。

　　记得曾经看过一个故事：一个人，很想知道天堂与地狱究竟有什么差别，于是，天使就带他去参观。他先来到地狱。只见地狱里放着一张很大的餐桌，桌上摆满了丰盛的佳肴，看起来生活非常不错。"地狱是这么好的吗？"他的心里很困惑。天使说："你再继续看看。"过了一会儿，用餐的时间到了，一群瘦骨如柴的饿鬼扑向了座位，每个人手里都拿着一把长长的勺子。由于勺柄实在是太长了，饿鬼们看着满桌的美味，就是吃不进嘴里去，饿得发出悲惨的哀号。天使说："我再带你到天堂看看。"到了天堂，出现了同样的餐桌，桌上摆着同样的食物，吃饭的人们拿着同样长的勺子。唯一不同的是，天堂里的人们不是徒劳地拿勺子喂自己吃，而是彼此喂给对面的人吃。大家吃得其乐融融。天堂呈现出一片温暖幸福的景象。

　　故事很简单，道理却很深刻。同样的客观条件，为什么有些人把它变成了"天堂"，而另一些人却把它变成了"地狱"？"天堂"和"地狱"之间的距离，到底有多么遥远？

　　其实并不遥远，只在你的一念之间。团结协作，成人达己，就是天堂；彼此争斗，损人利己，就是地狱。助人就是助己，生存就是共存。成就别人，就是在成就自己。一个团

　　　　　　　　　　　　　　　　　　　高绩效心智

队，"内"有共同的价值观，"外"有共同的梦想，这样的团队，没有办法不成功！

✦ 安妮说

　　团结协作，成人达己，就是天堂；彼此争斗，损人利己，就是地狱。助人就是助己，生存就是共存。成就别人，就是在成就自己。

带团队需要仪式感

:
,

　　前段时间，我们协会组织了一场海归招聘会。因为我们没有全职的销售，所以我鼓励团队里的十个小伙伴，每个人都兼职做销售。其实每个小伙伴都有自己的本职工作，大家都是利用闲暇时间，"顺带"推销招聘会展位。我给大家简单培训了一下销售的技巧和方法，希望能帮助大家尽快进入销售状态。

　　我们每周都会统计上周展位的销售情况。连续三周，同事Eric的销售成绩都是最好的：第一周，他销售了八个展位；第二周，他销售了十一个展位；第三周，他销售了二十二个展位。我为他的成绩感到震惊。Eric平时话不多，斯斯文文的。他走在人群里，很容易被"淹没"。他不张扬，也不显眼。这个连与人搭讪都会害羞的男孩，竟然会成为销售冠军，真是出乎我的意料。销售展位有提成，Eric的提成拿得最多。为了便于统计，每个月发工资的时候，协会会将提成一起打到工资卡里。

让我困惑的是，团队内的差距越来越大。Eric继续是销售冠军，其他小伙伴继续默默无闻。即使大家都知道，销售出一个展位有不菲的提成，可是除了Eric之外，其他的同事似乎都动力不足，对这件事显得漫不经心。于是，我决定通过"仪式感"，给大家鼓鼓劲。

周一早上，例会照常进行。汇报完常规的工作之后，我问大家："大家知不知道上周的销售冠军是谁啊？"

小伙伴们异口同声地说："Eric。"

"好，那我们现在请Eric上台。"我邀请Eric走出来，站到会议室的正中央。他困惑地看着我，没搞清楚我要干嘛。我转头对大家说："现在，请所有的同事都走出来。"我引导全部同事走出来，围成一个圈，把Eric围在中心。大家也不知道我的意图。正当大家疑惑地窃窃私语的时候，我突然说："请大家鼓掌三分钟，为Eric的成绩喝彩！"

这时，大家才反应过来。热烈的掌声响了起来。我在一旁加油："掌声再热烈一点，不许停。"

掌声越来越响，气氛越来越热烈。小伙伴们都笑了。中间的Eric被这阵势给吓"傻"了。他还没有反应过来，就被同事们给捧成了"明星"。三分钟后，我说："停！"掌声停了下来。不过，气氛还是很热烈，同事们的心情也很激动。

这时，我对Eric说："Eric，请你分享一下，你是如何在一周内销售二十二个展位的。"

以前，我从来不会让同事们分享销售心得。因为我感觉他们太年轻了，人生经验也没有我多，即使让他们分享，估计也说不出什么。于是，大部分的情况都是我在说，他们在听。可是，Eric那天的分享，让我受益匪浅。他让我认识到，每一个认真努力工作的人，每一个取得优异成绩的人，都自有一套方法和哲学。

Eric开始分享他的销售秘诀："首先，我会找一些我比较熟悉的企业进行沟通。我会向他们介绍我们的招聘会，并且给他们讲几个成功招聘的案例。之后，我通常会遇到两种情况。第一种，他们很感兴趣，但觉得价格贵。这个时候，我就会说，'您想想看，这个价格能帮您找到一个得力的助手，而这个得力的助手可以为您创造巨大的价值。这个时候，您还会觉得价格贵吗？我们有那么多成功的经验，很多企业都在我们这个平台上招到合适的人才。现代社会的竞争是人才的竞争。您千万不要错过这个机会。'第二种情况，对方不感兴趣。遇到这类客户，我会告诉他，'即使不感兴趣，也请留意一下我们这个平台。未来需要与海归沟通的相

高绩效心智

关工作，都可以联系我，我叫Eric。'这样的收尾，不会很唐突，也可以给对方留下一个好印象。所以，那些原本不感兴趣的客户，后来都会找到我，因为他们经常看我发朋友圈介绍这个活动。我有一个习惯，就是喜欢做宣传。比如我刚签下大马金融，我就会告诉全世界，'这家企业被我签下了'。这样高调的宣传，其实对那些还在考虑中的企业会产生很大影响。特别是当对方看到自己的竞争对手也参加了我们的招聘会，他们就按捺不住了。这个时候，如果我们再使劲'推'一把，这个客户就拿下了。"

大家都听得很认真，有的同事还在边听边做笔记。我发现，他的分享其实很有"干货"。我一直以为自己才是最厉害的销售，可是我突然意识到，每个90后的小伙伴都有自己的一套销售哲学。我需要做的，就是去发掘他们的闪光点。

Eric讲完之后，我让财务把他上周的销售提成换成现金，装在一个大信封里。在全体小伙伴的面前，我把这个大信封亲手交给Eric，并请同事拍照留念。之后，我让同事把照片冲洗出来。我们在办公室的一面墙上做了个"荣誉榜"，把每周的销售冠军的照片贴在上面。

这是我自己设计的一个小仪式。我希望通过这样的仪式，鼓励那些没有动力的小伙伴，开动自己的"小马达"，成为自己的"销售冠军"！不出我所料，这一招很奏效。接下来的一周，就有两个小伙伴的销售成绩接近Eric，整体销售业绩是上一周的三倍。本来计划在两个月内完成三百个展位的销售任务，结果不到一个月，任务就完成了。其中还包括几十家百强企业！这个成绩真让我惊讶。看来，"仪式感"的效力真的是太大了！

一个小小的仪式，还带来了额外的收获——团队的凝聚力变强了。之前，大家都不太会针对销售这件事进行交流。自从销售冠军有了"仪式感"之后，小伙伴们经常自发组织早会和晚会，一起讨论销售策略和技巧。大家还会互通有无，相互鼓励。有的同事还会帮助其他同事去"攻克"对方的客户。以前那种懒懒散散、漫不经心的状况，已经完全消失了！

带团队需要"仪式感"。把这个小技巧运用到团队管理中，不但会大大提高管理效率，还会增强团队的凝聚力！

> **安妮说**
>
> 小小的仪式感，能让寻常的日子焕发出新的光彩，也能让普通的工作变得激动人心。

高绩效心智

大 IP 群组成大品牌

．
．
，

　　我做海归工作十年了。我所遇到的最大的难题，就是团队成员离职的问题。在我做协会的前几年，几乎每个月都会有一个人离职，导致我的工作无法顺利进行。

　　我常常思索为什么会发生这种情况。在协会中，我个人的影响力越来越大了，可是团队的凝聚力却越来越小。问题到底出现在哪里？我平时的工作特别忙，每天从早忙到晚，经常没有休息日。与我的情况形成鲜明对比的是，团队小伙伴很"闲"，他们的工作不饱和。更重要的是，他们找不到工作的成就感。感觉协会的秘书处只成就了我这个秘书长，其他人都是我的陪衬。我是红花，他们都是绿叶。但是，有能力的人，都不会甘愿一直当绿叶。每个人都希望自己能有一番作为，得到领导的肯定和社会的认可。一个好的领导者，不是一个自己忙到飞起来的领导者，而是一个让下属

"忙得很有成就感"的领导者。

想明白了这个道理，就是我改变的开始。我决定学习凤凰卫视的管理模式。凤凰卫视是大家都很熟悉的媒体。它之所以出名，并不是因为有刘长乐这个台长，而是因为有许戈辉、陈鲁豫、窦文涛这些金牌主持人。这些主持人，每一个人都是一个IP，每一个都自带流量，每一个都有一大群粉丝。正是这些优秀的主持人，支撑起了这个强大的"明星媒体"。我决定，努力把深圳市海归协会秘书处打造成"海归协会中的凤凰卫视"。

我制订了一系列计划。首先，我找时间和每一位同事沟通，找到他们最关心的"点"在哪里。有的同事告诉我，他想赚钱；有的同事告诉我，他希望成为像我一样的IP；还有的同事告诉我，他也不知道自己想要什么。于是，我决定给大家一些动力。

在一次会议上，我对大家说："各位同事，每个人来到这里，都有不同的目标。但我相信，你们都不是为了这份工资而来的。说实话，协会的工资是很低的。如果你们只是为了打份工，估计这里不适合你。你随便找个大企业，薪水都是这里的好几倍。但是，一个人要想'升职'，你得先'增值'。相信海归协会秘书处是一个能让你增值的地方。我从不奢望你们能在这里工作'一辈子'，我只希望你们能全力以赴地工作'一阵子'！在这特别的'一阵子'里，我希望你们每个人都能成为最好的自己。你们能变得足够强大，足够优秀。要知道，我这个秘书长不是来管理你们的，而是来成就你们的。我希望你们每个人都能成为一个小星球，闪闪发光；我们这一群人，能组成银河系，点亮自己，也照亮他人。"

同事们都被我鼓舞了，大家开始思考，他们想要的人生究竟是怎样的。而我呢？我要用实际行动来证明，我是一个愿意成就他们的人。于是，我开始整理我的工作方法和思路，以及我在与人交流时的逻辑。整理好之后，我组织大家开会，通过我的亲身经验，来帮助每一位同事提升他们的社交能力。我希望每一位同事都能像我一样，走到哪里都自带光芒。我发现，每一位小伙伴都有着无限的潜能。他们能结合自己的特点，发挥出自己的特色，甚至有一些同事能超越我，这是让我很自豪的事。

我的助理Chloe，她的理想是成立自己的公司。我希望我能帮助她。于是，我的大小聚会，与有资源、有人脉的企业家会面时，我都会带着她。我会很自豪地跟对方说："这是我的同事Chloe，她是非常优秀的日本海归。"刚开始，Chloe比较腼腆和生涩，但随着跟我出席的活动越来越多，她已经能在各种社交场合如鱼得水了。大家都很喜欢她，也很认可她。有一次，一家上市公司来深圳找我们谈合作。正巧那时我在国外休假，无法接待。我安排助理Chloe负责接待。当时，对方的经理还有点儿担心，问我："安妮，你的助理能应付得了吗？"由于对方来的人位高权重，这位经理有点儿担心Chloe无法控场。我很认真地对他说："放心吧，她可以的。"果然，不出我所料，chloe接待得特别好。会议结束后，对方经理发私信给我说："安妮，你知道吗，你的助理太厉害了！她的气场、能力完全不输给你，我已经被她圈粉了。"

看到这条信息，我特别开心。下属的能力超越了我，这说明，我是一位优秀的领导，才有这么优秀的下属。

后来又有一次，一位电台主持人邀请我去参加一档节目，介绍我们协会的女性论坛。可是，那天晚上我早就有安排了，于是我推荐秘书小慧代替我去参加。主持人一听是我的秘书，就开始担忧："小秘书能把活动说清楚吗？"不过，情况已然如此，她也不好拒绝我，只能硬着头皮让小慧上节目了。节目结束以后，主持人激动得不得了："安妮，你的秘书太能干了！准备充分，逻辑清晰，情商也很高！跟观众们互动的时候，问题回答得特别巧妙。你的团队好厉害呀！"

看到Chloe和小慧都成了一个个小IP，我的内心无比激动。一个好的领导者，不在于他（她）自己有多牛，而在于他（她）的团队有多牛；一个好的管理模式，不是领导"管"出来的，而是即便领导不在，团队依然可以照常运行。更有意思的是，当他们越来越能干，越来越闪耀，我反而越来越轻松。我有更多的时间思考、写作、旅游，做自己想做的事情。当我能有多的时间更好地成长的时候，我也更有能力去成就他们。这样的模式，是我心里最好的模式。

在我的一番努力下，我们海归秘书处的管理模式，离"凤凰卫视"越来越近了。我始终相信，成就一个大品牌的，不是一个人，而是一群人。把秘书处的小伙伴们打造成一个个IP，我们秘书处终有一天会成为最有影响力的大品牌。

✦ 安妮说

我从不奢望小伙伴们能在我这里工作"一辈子"，我只希望他们能全力以赴地工作"一阵子"！在这特别的"一阵子"里，我希望每个人都能成为最好的自己。

什么能从一个人的心里"走"过？答案只有一个。

第八章

走心：是一种能力

走心，是一种能力

：

，

由于工作的原因，我会接触到很多不同的人。如果问我，我最欣赏的女性是谁，我会回答：英华姐。

我认识英华姐有十几年了。英华姐面相和善，总是笑容可掬、温温柔柔的样子，说起话来也是慢条斯理的。跟她相处，丝毫感觉不到压力和紧张。她从事的是教育培训行业。我最初跟她结识，就是因为上课。我很喜欢上课，之前一直在英华姐这个平台学习。后来因为工作忙，就暂停了一段时间。不过，我们一直保持着联系。我关注着她，她也关注着我。

英华姐的学历不高，也不是特别有钱，好像也不是特别有能力。但是，她的身边总是围绕着很多高学历、高素质、财力雄厚、能力超强的人。之前，我一直对这个现象感到迷惑不解，不明白为什么她能吸引那么多厉害的人。直到后来发生了两件事，把我也变成了她的"铁杆粉丝"。

　　　　　　　　　　　高绩效心智

我和英华姐虽然相识多年，但一直没有过事务上的正式合作。英华姐知道我能力很强，也知道我乐于助人，只是没有找到一个特别好的合作契机。加上我做协会一直比较顺利，貌似也没有什么需要她帮助的地方。有好几次，英华姐约我聊天，想谈合作，都因为我的工作太忙而未能成行。前段时间，她又发起一个项目，突然想到我。她觉得这个项目如果能与我合作，那将事半功倍。于是，她约我吃饭。

　　那段时间，我的工作发生了一些问题，导致我的身体状态特别不好。我连续咳嗽了一个月。去看西医，西医说是过敏性咳嗽，给我开了很多西药，吃完也不见好；去看中医，中医说是因为换季的问题，又给我开了一堆中药。我连续喝了一个多月，病况也没有好转。我问医生这是怎么回事，结果医生说："咳嗽一个多月很正常啦，有的人咳嗽半年。"我晕。

　　就这样，我只能咳嗽着去赴约。我们在一家餐厅见了面，整整一个小时，我几乎没怎么吃东西，一直在咳咳咳。英华姐想介绍她的项目，可看到我这样的状态，又于心不忍，于是就打住了。她对我说："安妮，我看你的样子很辛苦。我知道一家道医馆，可以做针灸。我是那里的会员，那里治疗咳嗽还是挺有效的，我有好几个朋友都在那里治好了。你也去试试吧。"

我心想：既然英华姐这么说，那我就去试试吧，反正结果也不会比现在更糟了。于是，我按照约定的时间，来到了那家道医馆。问诊加针灸，一共需要一个多小时。我本来没抱太大希望，结果，一个多小时过去后，我的咳嗽神奇地消失了！我真是太惊讶了。英华姐推荐的地方真的很不错。于是，我发信息给她："姐，我针灸一次咳嗽就治好了。这里太神奇了。我想办一张会员卡，请问我需要联系谁呢？"

　　结果，我马上就收到了英华姐的回复："安妮，我已经帮你办好卡了。你到前台去领就可以了。看到你的身体好转了，我实在是太开心了。希望你每天都健健康康的，这样我就放心了。你不要太辛苦，身体是最重要的。要好好地照顾自己，好好地爱自己。有什么需要，可以跟我说。虽然我的能力有限，但我会竭尽全力地帮助你。"我被英华姐的这一番话感动了。估计是她看出我工作上出了些问题，才导致身体抱恙。其实她上次约我本来是为了谈合作，结果见我身体不适，关于合作的事情，她一个字没提。她一直在关心我好不好，健不健康。我被英华姐的真情感动得一塌糊涂。我发信息给她："英华姐，感谢你对我的照顾。未来你的事，就是我的事。"

　　英华姐让我深刻地感受到：一个温暖的灵魂，是多么的可敬可爱。

还有一次，我遭遇了一些棘手的事情，整个人状态跌到谷底。我不敢跟家里人说，怕他们担心，可自己又不知道该如何是好。在这无助的时候，我想到了英华姐，于是就发了私信给她。那时已经是深夜了。英华姐平时睡得很早，但那天夜里她一直默默地陪伴着我，倾听我的诉说。我说了大概一个多小时。说完之后，我的心情平复、舒畅了许多。我想到英华姐也该休息了，就真诚地感谢英华姐的陪伴。这个时候，她只说了一句话："安妮，我只想说，你不是一个人，无论发生任何事，你还有我，未来的一切，我们一起面对。"听完这句话，我的眼泪哗啦啦地流了下来。善良的她再一次感动了我。

后来，我又遇到过许多想跟我合作的人，可是他们都不曾像英华姐这样打动过我。我觉得，这中间的最大差别是，英华姐有一种发自内心深处的善良。这种真心的善良令她拥有了一种能力，就是时时刻刻"走心"的能力。"走心"，两个简单的字，它的意思就像字面上的一样，"从心里走过"。什么能从一个人的心里"走"过？那就是他（她）发自肺腑的真情。

我曾经以为，谁都可以"走心"，这不难。可是后来发现，并不是这样的。很多人可以很理性、很有逻辑地表达一件事，可是这些理智的言辞却很难触动人的心灵。我们听过很多滔滔不绝的"道理"，可是心却没有因此而变得温暖。原来，不是每个人都可以走入我们的心。而一旦这个人走入我们的心，我们就会一直追随他。

如果我们做人、做事都能"走心"，我们就会成为一个有温度的人，一个吸引他人的人，一个能为这个世界带来积极影响的人。

人很难被说服，却很容易被感动。在我看来，每个人都生来都有一颗善良的心。我们的人生的全部际遇，都是在教我们，如何发掘这颗善心，让它释放出更大的光芒。英华姐就是在用这颗善心，去感染和影响身边的人。她是我学习的榜样。她时时刻刻都在提点我，要做一个善良温暖的人，同时，让我们用一颗真诚的心去感染和温暖别人！

安妮说

"走心"，两个简单的字，它的意思就像字面上的一样，"从心里走过"。什么能从一个人的心里"走"过？那就是他（她）发自肺腑的真情。

利他之心，成人达己

:
,

　　好朋友Mumu是深圳知名的摄影工作室——"幸福制造摄影机构"的创始人，也是一位很有情怀的摄影师。一天下午，Mumu联系我，约我喝咖啡，说有些事想请教一下。于是，我们在星巴克见了面。

　　Mumu告诉我，她最近和一位海归合作，代理了全球顶级奢侈品服装品牌，专门做礼服租赁，这个项目叫"明星衣橱"。Mumu给我看了部分礼服的照片。我瞬间被吸引了：真的很好看！不管是款式、设计，还是色彩搭配，都是国际水准。Mumu告诉我，品牌的总部在香港。很多香港明星出席活动时，都喜欢租这家的礼服。现在她代理的是内地的第一家，所以压力很大。要想把这个"明星衣橱"在深圳的第一家店铺运营好，的确需要一些方法和策略。Mumu知道我做营销推广很在行，所以特意向我请教，希望我给她支支招。

我想了想说："咱们这个产品是非常好的，那么，如何用最小的投入赢得最大的产出？我有两个建议。第一，我们可以在深圳有影响力的女性活动中，进行产品赞助和植入。比如，请活动的演讲嘉宾或主持人穿咱家的服装，再在现场放一个展板进行宣传推广，这样就有了曝光度。第二，我们可以在深圳找十位有影响力的女性，让她们穿着我们的服装拍一组照片。同时告诉她们，以后她们出席任何活动，我们都愿意免费赞助服装，这样，她们就成了我们的代言人。这十位女性都是自带粉丝的，她们的粉丝看到她们经常穿咱家的衣服，也会受到影响。我想，转化销售的效果应该很不错。"

Mumu觉得我这两个建议实在是太棒了，她说："安妮，你们协会最近有什么可以让我植入的活动吗？"我想了想说："刚好我们即将举办一个女性论坛，如果你有兴趣，那就植入一下吧。"Mumu特别开心，立马和我同事对接上了，准备在我们的女性论坛上大力推广。

Mumu问："那你能不能当我的形象代言人，帮我拍一组照片呢？"我欣然答应了。不过，那段时间我实在太忙了，为了帮助她，我特意请了一整天假，去Mumu的"幸福制造工作室"拍照。拍照是个技术活儿，十分辛苦。我从早上十点一直拍到下午五点，一共拍了六组服装。

　　　　　　　　　　　　　　高绩效心智

海归女性论坛如期举行了。活动的前一天，Mumu发信息给我："安妮，你需要租一套服装参加明天的活动吗？"我本来不太想租服装，因为活动时穿礼服感觉有点儿不方便。但我想，如果我在论坛上穿她家的礼服，应该是很好的展示和推广吧。想到这儿，我就答应了Mumu。我租了一套服装，并且在现场放了一张背景板做展示。

　　第二天，我穿着这件礼服参加了活动。很多海归女生一入场就看到了我，又看到印着我的形象的背景板，纷纷跑过来跟我拍照、咨询、交流。这个展位一下子就火了。活动中，我还时不时提醒主持人，要感谢Mumu的"明星衣橱"赞助给主持人和现场嘉宾的礼服。并告诉现场观众，可以在门外的展位处进行咨询和租赁。这下，Mumu的展位前更是人头攒动，十分火爆。

　　茶歇期间，很多海归美女跑过来问我："秘书长，这个明星衣橱是你开的吗？好好看呀！请问怎么租啊？"我说："不是我开的，是我朋友开的。你们可以去咨询一下。"

　　活动结束后，Mumu告诉我，这次活动的推广效果特别好。很多人加她微信咨询，还有的现场就转账了。她被这种效率和成果惊呆了。

　　能帮上Mumu的忙，我也很高兴。这个世界上最有价值的事，就是给别人带去惊喜。但首先，我们自己要做一个具有"惊喜能力"的人。

过了一段时间，Mumu又有一批新款服装到了。她问我，是否还能去帮她拍一组。我看了一下日程表：我马上就要出差两周，时间真的有点排不过来。但我知道，上次推广的效果特别好，如果能继续推一把，对Mumu事业的帮助应该很大。于是，我答应了。

拍摄的那天上午，我们约好了九点半开始，我九点就到了。从早上九点一直拍到下午五点，整整八个小时，连吃饭的时间都没有。拍完之后，我已经累得连说话的力气都没有了。但我还要参加一个活动。拖着疲惫的身子，我马不停蹄地赶到活动现场，一直忙到凌晨两点才回家。

回到家后，我收到了Mumu的一条信息。她写道："安妮，今天晚上我接了好几个大单，都是你的朋友。这段时间，通过你的代言和推广，我逐渐在你的朋友圈中建立了品牌，赢得了朋友们的信任。大家开始慢慢认可和接受我了。谢谢你，安妮。你为我做了那么多事，还耽误了你那么多时间，我真的无以为报。我想跟你说，我特别感谢你！"

我笑了笑，回复她："好朋友，不言谢。我是真心希望你好。看到你的事业蒸蒸日上，我很满足。需要我做的，我绝对义无反顾！"Mumu是一个很重情义的人。我希望成就她，真的不需要任何回报。

这件事过后没多久，突然，有好几个女性品牌联系我。他们问："安妮秘书长，请问您可以为我们的品牌代言吗？我们给费用。"

我惊讶地回复："我只是个协会秘书长，不是代言人啊！"

对方说："我看到您帮'明星衣橱'拍的照片很好看，把它带得很火。您已经是一个有很大影响力的IP了。我们的品牌是女性用品中的奢侈品，我们觉得，您是最好的代言人。"对方的这番话让我惊呆了。

本来，我只是想帮Mumu的忙，才会在活动场合帮忙展示。我并没有想出名的意思。可是阴差阳错地，却把自己捧成了IP。通过这次"帮忙"，我提升了自己的品牌影响力。这件事让我更加确信了一个道理：当我们真正去"利他"的时候，其实，最终成就的是我们自己。

✦ **安妮说**

　　当我们真正去"利他"的时候，其实，最终成就的是我们自己。

"我一定要成为的人"和"我决不能成为的人"

;

　　有一次，和同事们聊天时，有人问了一个问题："你最喜欢的女明星是谁？为什么？"小伙伴们你一言我一语地回答起来。有人喜欢高圆圆，觉得她"女神范儿、有气质、美"；有人喜欢舒淇，认为她"性感、迷人"；还有人喜欢张雨绮，说她"霸气、有性格"。大家问我："安妮姐，你最喜欢哪个女明星？"我想了半天，还真没想到哪个女明星。我今年已经三十六岁了，我从来没有认真喜欢过任何明星，更别提女明星了。

　　但是，前一段时间，我被一位女明星"圈粉"了——她就是韩雪。韩雪的形象一直是知性和美丽的，可是最近看了她参加的真人秀节目，才发现，她可能是一个"男孩子"，只是误闯进了一个美丽的外壳。而且，我在韩雪身上，发现了三个宝贵的品质。

第一个，自律。她每天早上七点半准时起床。在"昼伏夜出"的娱乐圈，要保持这样的起床时间，实在是太难了。她起床还很麻利，没有一丝拖泥带水。她的朋友说，认识韩雪十年了，她赴约从来不迟到，甚至会把堵车时间都算进去。韩雪利用一切可以利用的时间来充电。起床以后，她会打开手机，边听新闻，边准备早餐。每天晚上睡觉之前，一定会留给自己两个小时，用来写日记和读书。她用行动证明了：优秀的人不一定自律，但自律的人，通常都很优秀。

第二个，自愈。和其他明星一样，韩雪也会在网上看到很多评价，有正面的，也有负面的。但她从来不去为负面评价辩解。即使有些言论令她伤心难过，她也能自我排解，消化处理。因为她有一种"自我痊愈"的能力。这种"自愈"能力不是生来就有的，而是伴随着日益强大的内心，一点点练就的。这是经历赋予她的宝贵品质。

第三个，自燃。韩雪无论走到哪里，都是明亮的，闪闪发光的。这是因为她有一种"自燃"的能力。一个有"自燃力"的人，无论所处的外部条件如何，她都能自己驱动自己，释放能量，并用这种力量感染和影响周围的人。她就像一颗钻石。她出现在哪里，哪里就被她的光芒所照亮。

于是，我实实在在地被这位女明星圈粉了。我最喜欢的一本心理学著作，是M·斯科特·派克写的《少有人走的路》。里面有一个观点：成熟的灵魂应当具备两大特质——自律和爱。韩雪就完美地诠释了什么是"自律和爱"。在她身上，我看到了：你喜欢普通，就可以普通地活着；你喜欢特别，就可以特别地活着。韩雪就是一个喜欢特别的人。有人说韩雪是娱乐圈中的一股清流，可韩雪会告诉你：你以为我的生活很特别，其实不是的。我只是以最特别的方式来完成它。这就是韩雪。

她就是我想成为的人。

前不久，老家的表妹生二胎，邀请我回去喝喜酒。表妹比我小两岁，小时候，我俩长得特别像，所以经常被人认错。我印象中的表妹，用一个词来形容，就是"灵动"。她聪明，机灵，一双水汪汪的大眼睛仿佛会说话。自从离开老家来到深圳后，我和表妹就几乎失去了联系，直到前段时间才恢复联络。这些年我没有回去过，对表妹现在的情况也不太了解。这次回老家参加表妹儿子的满月宴，是我十几年来第一次回去。

当我再见到表妹的时候，我被她现在的样子惊呆了。她招呼我："安妮姐姐，好久不见。"我都不敢回应她。如今的她真的不像我的妹妹，倒像是我的阿姨。曾经那个机灵活

高绩效心智

泼的小姑娘不见了，站在我面前的是一个看起来四十多岁的、身材发福的市井大妈。我了解一下才知道，表妹中专毕业以后，就不肯再念书，陆陆续续地打了一些零工。二十出头就没有再上班，而是找了一个做生意的小老板嫁了，之后生了一个女儿。她每天的生活就是吃饭，睡觉，逛街，打麻将，带孩子。日复一日，年复一年。表妹就这样度过了她最宝贵的青春岁月。我问她，你就没有想过离开这个小城市，去外面看看吗？她告诉我，她觉得现在这样挺好的。有老公养，有爸妈照顾，现在又有了儿子，为什么要出去呢？她离不开老公，也离不开父母，更离不开这个小城市。

还记得小时候，我和表妹一见面就手拉着手，总有说不完的话。可是现在，我们对视半天，我都不知道要跟她说什么。我感兴趣的事情，她听不懂；她感兴趣的事情，也无法打动我。我们之间貌似隔了一座喜马拉雅山，再也无法跨越了。

见过表妹以后，我心中颇有感触。在我看来，人不在于活了多久，而在于有没有真正地活过。我非常感谢年少的自己，勇敢地离开老家，来到深圳，经历了各种各样的事情。我相信，所有的一切都是来成就我的，让我变得更从容，更优秀，更有智慧。如果明天就是世界末日，那我觉得我这辈子过得挺值的。我经历过磨难，体验过幸福，尝试过人生百味。我感觉自己特别幸运。

我默默地告诉自己，我一定要成为一个能"自律，自愈，自燃"的人。我要用坚韧和努力，去打破和拓宽我的人生。人生只有一次，值得我仔细设计。我绝对不能成为一个对生活自暴自弃的人。尼采有一句话，我特别喜欢，"每一个不曾起舞的日子，都是对生命的辜负。"我要让我的每一天都翩翩起舞。不是为了任何人，而是为了我自己。因为在这个世界上，只有我自己能对我的人生负全责。

我们生活在这个世界上的每一天，都是人生中最年轻的一天。真正的珍惜生命不是吃喝玩乐，坐享其成，而是努力生活，挑战自己，尝试生命的各种可能。毕竟，明天和死亡不知道哪个来得更早。只有认真努力生活的人，才真正地"活"在这个世界上。

✦ 安妮说

在我看来，人不在于活了多久，而在于有没有真正地活过。我非常感谢年少的自己，勇敢地离开老家，来到深圳，经历了各种各样的事情。我相信，所有的一切都是来成就我的，让我变得更从容，更优秀，更有智慧。

高绩效心智

心态决定状态

:
,

　　有一年秋天，深圳市组织了一个考察团去新疆考察。新疆对于我来说是个特别神奇的地方，我没有去过，但一直很想去。因此，我对这次出行特别期待。

　　为了让这次行程变得更有趣，我邀请了几个海归好朋友同行。因为其他商协会的团友都是年纪比较大的企业家，只有我们这个社团的成员最年轻，我还是希望能和同龄的小伙伴一起出行。可能很多人都有过这种经验：如果同行的小伙伴不在一个"频率"上，一起旅行很容易变成一种"折磨"。我暗自高兴，幸好有两个小伙伴陪我，不然我要一直跟爷爷奶奶们在一起了。以我这种活泼外向的性格，估计我会被憋死。

　　盼呀盼，启程的日子终于快到了，我万分激动：我可以去新疆了！可是，就在启程的前一天，原本答应和我同行的两个小伙伴突然都说不去了。一个是公司临时有安排，另一个是家里突然有事。这个变化让我措手不及。旅行这件事，关键不在于去哪里，而在于跟谁一起去。我跟一群老人家在一起，这趟行程还会有趣吗？我十分惆怅。不过，既然已经答应了领导，我也不能说不去就不去啊！况且，我们社团已经有两个人不去了，如果我再不去的话，那就太说不过去了。我没办法向领导交代，只好硬着头皮，如约出行。

第二天一早集合时，情况果真如我所料——我是最年轻的团友。我们一行十五人，其中有一对老夫妻，老先生七十三岁，他的夫人六十多岁。不问不知道，这对老人竟然是原本计划跟我一起出行的一位小伙伴的父母！天，和朋友的父母一起旅游，这真是一次独特的体验！

我估计本次行程我将非常苦闷——没有同龄人，没有知己，也没有共同语言。我有点儿沮丧。不过转念一想，既然已经来了，抱怨也没有用。与其郁郁寡欢地度过这段旅程，还不如开开心心地迎接它。我决定改变自己的心态。当我把心情从"低落"调整到"愉快"模式，整个人的状态突然就变好了。

旅程开始了。刚到新疆，我内心有一丝丝兴奋。毕竟对我来说，这是一个与深圳完全不同的地方。新疆的风景很美，每一处景色我都不想错过。但这次，我没有同龄的小伙

　　　　　　　　　　　　　　　　　高绩效心智

伴一起拍照了。不过，我们团里有一个团友曾总，他是香港人，五十多岁，普通话不太好，性格很低调。他很喜欢摄影。我正愁没人帮我拍照，于是就问他："曾总，可以麻烦您帮我拍一张照片吗？"曾总欣然答应。他找了好几个特别好的角度，帮我拍了很多张美美的照片。后来，我每去到一个地方，曾总都主动跑过来问我："需要帮你拍照吗？"我说："好呀好呀。"于是，曾总这一路就充当我的摄影师。

由于我的心态已经调整到愉快的状态，我对自己说，时间如此宝贵，我一定要开心快乐地享受每一刻。于是，我从一个落寞寡欢的人，变成了一个"开心果"，全程跟大家有说有笑。团友们都很喜欢我，觉得我给大家带来了欢乐。我突然发现，其实，这些爷爷奶奶也不像我想的那么沉闷。他们就像孩子一样，开心的时候也会开怀大笑。在他们身上，我看到了老年人的另外一面。

有一天，导游带我们一行人去爬山。这是新疆知名的一座山。但是那天我的状态不好，不太想爬山，于是爬到半路，我就跟导游说想下山了。正巧这时，一位团友老伯伯也要下山。因为他年纪太大了，爬不上去。于是，我就和这位老伯伯一起结伴下山。我们一路走一路聊。老伯伯跟我分享他年轻时候的经历。他说，现在像我这样愿意陪伴前辈的年轻人已经不多了。我被老伯伯的人生经历吸引了。读万卷书不如行万里路，行万里路不如名师指路。这位老伯伯把那么多宝贵的人生经验分享给我，他就是我人生路上的一位导师。

到了山下，我们找了一块石头坐了下来。当时我已经很困很累了，眼皮直打架。老伯伯看到我的样子，对我说："安妮，你靠在叔叔肩膀上眯一会儿吧。每次看到你，我就会想到我最小的女儿。你们年纪一般大，样子也很像。"老伯伯笑眯眯地看着我。好温暖的一番话。当时，一股暖流流进了我的心。在这位老伯伯的身上，我感受到了浓浓的父爱。

之后的几天，我都很投入地享受每个时刻。我和团友们互动着，有的时候我负责唱歌，有的时候我负责跳舞，有的时候我负责搞气氛，把爷爷奶奶们哄得好开心。他们说，我是他们的"开心果"。导游也觉得，我的加入让这个老年团变得更有活力了。其实，不是我改变了老年团的性质，而是老人们改变了我。他们让我感受到了尊重、温暖和爱。

反思一下我的心路历程，从排斥抗拒，到被动接受，再到主动拥抱，我感慨颇多。一切都在于我的心态。心态变了，状态就变了。快乐与否，全在于自己的选择。如果我以抗拒的心态走完全程，我相信我一定是最郁闷的那个"边缘人"。我很感激自己尽快调整了状态，找到与长辈们相处的

高绩效心智

最佳方式，去用心感受身边的一切。

这次新疆旅行，是有史以来最让我感动的旅行。表面上看是我在帮助大家，实际上，是他们在帮助我和成就我。每一位长辈对我都很欣赏，很尊重，他们让我变得更有力量，更有爱。

只有心态改变了，状态才会改变。当你状态低落时，想一想，是不是你自己，没有给自己一个更好的选择。

✦
安妮说

心态变了，状态就变了。快乐与否，全在于你自己的选择。

让分享成为一种习惯

：
，

前段时间，我发现我的助理Chloe的状态不太好：工作漫不经心，上班经常迟到，每次交代给她的工作总是拖拖拉拉，迟迟完成不了，甚至偶尔还会忘记。我决定和她聊聊。

我约她到我的办公室，我问Chloe："你最近发生什么事情了吗？感觉你状态不太好。"

Chloe有点沮丧地说："安妮姐，最近我家里发生一些事情，影响了我的心情。我知道影响工作了，对不起，我会努力调整的。"她也觉察到了自己的状态不太好。

那段时间，我出差比较频繁，对同事也疏于关心。Chloe的状态不好，应该有一段时间了。于是我决定想个办法，即便在我出差或不在办公室时，我也能了解他们的状态，多指导他们，关心他们，让他们朝更好的方向发展。

我们办公室有十个同事。我的大部分工作是公关和接

高绩效心智

待，平时出席活动带的最多的是助理Chloe和会员部的Eric。因为我的时间和精力有限，不能平均分配到每一位同事身上。于是，我制订了一个定期分享的计划，让每一个小伙伴都能感受到我的关心，同时，我也能帮助他们成长。

于是，一天下午，我在工作微信群里面，跟同事们说了一段话："同事们，大家好。我决定从今天开始，不定期地给大家分享我工作中遇到的一些事情，以及我的一些心得。每次分享开始时，我会写上'分享时间'。我会用语音把我的心得分享给大家，请大家仔细听，听完以后每个人要回复'已听完'，并且发一段文字的感悟回复。"

同事们都表示"收到了"。于是，我开始了我的第一次分享。那天上午，我带领几位企业家去参观一家上市公司。这家公司的创始人是一位很有情怀的企业家。他的公司刚刚上市两周，但还是亲自接待我们，中午还陪同我们一起吃饭。这位企业家告诉我们，他刚来深圳的时候，身上只有七百块钱，全靠自己白手起家，现在已经身家过百亿。他还跟我们讲了几个曾经发生在他身上的故事，每次他都是靠着坚持和信念渡过的难关。这位企业家说了一番话："坚持了就是神话，放弃了就是笑话。所以，永远不要放弃希望，更不要放弃自己。没有一无是处的人，只有自暴自弃的心。"

我们都被他的故事点燃了。

于是，我把他的故事，讲给同事们听。我希望被点燃的不只是我，而是我身边所有的"战友"。我告诉同事们："有的时候，我们要容许一些美丽的意外，像花儿一样，在我们生命中开放。快乐可以让人忘乎所以，但真正让我们变得优秀和卓越的，一定是苦难，所以我们要感谢苦难。逆境最能检验出一个人的人格水平。不要抱怨我们的出身不好，也不要抱怨我们的苦难太多。换个角度想一想，这些事都是来成就我们的。有空儿的时候，我们要问问自己：我是怎样的一个人？怀着怎样的一颗心？要过怎样的人生？人生就像一条盘山公路，你永远不知道下一秒风景会如何变换。与其抱怨山高路险，不如自在从容地欣赏沿途的风光。真正有幸福能力的人，在逆境中，哀而不怨，悲而不伤。在逆境中，我们要学会与不幸共处，带着不幸去生活。即使被黑暗笼罩，我们仍然要竭尽全力去抓住一切可能，去创造希望和美好，这样才配得上幸福。"

我说完之后，小伙伴们沉思了一阵。之后，大家都回复了，分别说了自己的想法。有的同事回复说，他被我的这段话感动了。Coffee跟我说："本来我觉得自己是一个可悲的人，觉得老天爷对我不公。可是听完这个故事，我觉得其实

　　　　　　　　　　　　　　高绩效心智

自己挺幸福的。就像您之前说的，'你喜欢普通，就可以普通地生活；你喜欢特别，就可以特别地生活'。安妮姐，我喜欢特别，我未来也要特别地过我的生活。"

Chloe也发私信给我："我发现自己真的很幸运。本来我觉得父母对我不太好，可是现在觉得，父母对我其实很好。我已经拥有了太多。当我把关注点放在我所拥有的东西上，我就是幸福的和满足的。听了这个故事，我感觉很有力量。谢谢安妮姐的分享。"

一次小小的分享，竟然能产生这么积极的作用。我决定继续坚持下去。

后来有一次，一位同事跟我抱怨，说他本来是做财务的，结果来到协会做了很多与本职工作不相关的事情。他感觉自己"没有专业"，所以很苦恼。于是，我在那天的分享时间，分享了这样一段话：

"同事们，大家好。今天有人对我说，安妮姐，我感觉自己'没有专业'。我想了想：咦？好像我也没有专业。我开始琢磨这件事。我觉得，人的职业发展应该有三个阶段。第一个是知识积累期，第二个是能力完备期，第三个是才华转化期。比如说，一个人学的是医学专业，他必须学很多年，掌握医学的基本知识，才能做一个合格的医生。当他在职场工作了很多年以后，可能他就不再满足于做一个医生，而想成为一个主任。要做一个主任，需要具备什么能力呢？他需要具备沟通能力、表达能力、理解能力、管理能力、共情能力，等等。然后呢，他可能想更进一步，让自己成为一个品牌。这时，就到了人生的才华转化期。一个人的职业发展，大致就经历这三个阶段。我再举个例子，大家都知道演员周迅，她演什么像什么。如果一个普通的女孩子和周迅去试同一个角色，这个女孩子可能半天都不能进入角色，而周迅可能只需要三秒。因为，她的演技已经磨练出来了。所以，觉得自己"没有专业"的人，可能已经走过了知识积累期，正在从能力完备期向才华转化期过渡。我们每个人最终的目标，都是成为才华满满、闪闪发光的自己。我们要打造出自己的IP。要知道，你自己就是一个小宇宙。总有一天，你走到任何地方，都会自信满满，气场十足。人生不是一场物质的盛宴，而是一场灵魂的修炼。希望我们每个人都能成为最好的自己。"

同事们纷纷回复了自己的感悟，每个人都从不同的角度表达了对未来的看法。我发现，小小的分享，让团队变得更有凝聚力，小伙伴们对未来也更有信心了。同时，我能把我的价值观和使命感传达给每一个人，让大家跟随我的脚步，

高绩效心智

一起成长，一起进步。分享，其实可以点燃每一个人，让我们在前进的路上，同频共振。

要想照亮别人，自己先闪闪发光吧！

第九章

有诸内，行于外：
成为自己和他人的发动机

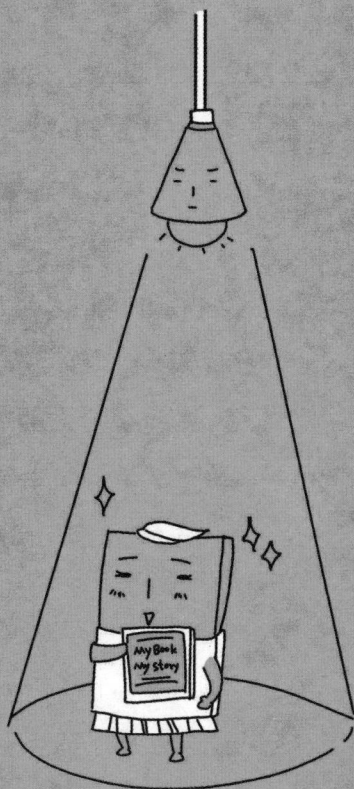

用文字感染别人

:

,

我有四个微信号，几乎每个都加满了，所以我不胡乱添加朋友。有一次，一个很奇怪的人加我，他的微信名是"正能量传播者"，地址显示是海外。我感到莫名其妙，哪有人说自己是"正能量传播者"的？他的头像是一棵树，一般没有真人头像的微信号我不太会加，感觉不是很安全。于是，我没有添加他。

后来，阴差阳错，我发现他竟然和我在同一个读书群里。我对读书很感兴趣，所以也被朋友拉进了那个群。我看他在那个群里经常与群主互动，偶尔发一些读书心得，还会推荐一些他喜欢的书。他推荐的书很多都是我喜欢的，比如《少有人走的路》《非暴力沟通》《当下的力量》。他在群里的评论都很有"干货"，我感觉他是一个"有料"的人，起码是个爱学习的人。我想，他应该不是什么坏人，不如就加他吧，未来如果有读书方面的问题，说不定还可以和他交流交流。于是我就通过了他的申请，并在他的名字后面备注了"鸡汤哥"。

添加了这位"鸡汤哥"之后，他就不定期地给我发些信息。大都是一些很有正能量的分享——做人的哲学，人生的智慧等。例如：生命的意义没有绝对的答案。如果你做的事情让你充满激情，那么你就走在正确的路上。年龄并不在于你庆祝过多少个生日，而在于你怎么看世界。如果你始终拥有好奇心，你就有一个年轻的灵魂。一生中的烦恼太多，但大部分担忧的事情都从来没有发生过。

看完这段文字，我迅速转发了，因为对我很有启迪意义，我也很认同。在那之后，他又发了一段文字给我：

其实，我们与他人的关系、与世界的关系，归根到底是自己与自己的关系。和自己的关系对了，和他人、世界、生活的关系就对了；看到了自己的美好，就看到了他人和世界的美好。

那段时间，我刚好有个烦恼，我觉得被人冤枉了，心里各种委屈、不满、郁闷。可是后来想想，我为什么要为别人的错误买单呢？这世界上所有的关系，真的就是自己和自己的关系。不管发生什么事，我要对自己好一点，我要开心一点，愉悦一点。当我调整了与自己的关系的时候，突然发现没那么难受了。问题依然在，但心情却好了很多。原来，一段小小的文字，对我们的生活影响那么大。我就是文字的受益者。

我是一个很难安静下来的人，总希望有人能陪在我身边，热闹一点。但这位"鸡汤哥"发的一句话，深深地打动了我："在这个世界上，能永远陪伴你的人只有你自己。"这句话很真实，也很深刻。我们生活在这个世界上，对身边的一切，都只有"使用权"，而没有"占有权"。天下没有不散的宴席，最终所有的一切都会离我们而去——我们的父母，我们的伴侣，我们的孩子，我们的财富，我们的事业，我们的朋友……能够永远陪伴我们的只有我们自己。所以，在有生之年，为什么不对自己好一点？为什么不去习惯自己与自己相处？于是，我开始学习独处，学习享受孤独。能享受孤独，是一个人走向成熟与智慧的开始。

很多时候，对他发的这些文字，我都不会回复。不过，这并不表示我不会看。相反，倘若一段时间他不给我发文字，我就会去翻看他的朋友圈，生怕错过精彩深刻的内容。他用文字感染着我。

于是，我也决定定期给朋友分享有正能量的文字。有时

高绩效心智

候是转发这位"鸡汤哥"的，有时候是我自己原创的。我有一个很好的习惯，就是每天晚上睡觉前都会看书。每次在书中看到优美的文字或者充满智慧的观点，我都会编辑成"语录"，转发给朋友们和对我比较重要的人。这个习惯我坚持了三年。

本来我觉得，我发这些语录应该帮助和影响了很多人，我自己心里挺乐的。可是有一天，一个朋友问我："安妮，你老发这些鸡汤做什么呢？我告诉你，心里越缺少什么，越喜欢炫耀什么。你整天发这些鸡汤，就表示你心里缺这些，我看你还是别发了，没用。"朋友的一席话让我很伤心。我并没有在炫耀，我只是在分享而已。

过了不久，我的新书《你必须精致，这是女人的尊严》出版了，我做了一场新书发布会。活动计划在下午三点开始，我早早地就到了现场。不到两点的时候，我就看到一个斯斯文文的女孩子，拖着箱子来到了现场。于是我走过去："您好，我是安妮，请问您是……"我很好奇。这个女孩子怎么这么早就来了，整整提前了一个半小时。

她见到我，一脸掩饰不住的激动，握着我的手说："安妮，我是你的粉丝，我加你的微信已经有两年了。你的每一条朋友圈我都会看。我还把你在朋友圈分享的语录都打印出来了。"她把她整理好的语录拿给我看，真是吓了我一跳。我自己从来都没有整理过，我都不知道我这三年来分享的语录，居然可以印成一本厚厚的书。

她接着说："安妮，你知道吗，今年上半年我遇到了一个重大的挫折，我感觉我的人生完了，我永远都无法走出这个阴影了。后来，我看了你的朋友圈，又读了你的书。你的文字给了我力量，让我重新燃起了对人生的希望。谢谢你，安妮。请你一定要继续坚持分享。你的文字感染了我。其实我本来计划今天上午飞北京的，为了能见你一面，我特意把机票改到了今天晚上，参加完你的新书发布会我再离开。我真的特别喜欢和欣赏你。"怪不得她拖着一个大箱子，原来她在活动结束后要赶去机场。

多么真诚的一个小妹妹啊！她说，我的文字感染了她，其实，她的话也感染了我。后来，我经常收到朋友们给我发来的感谢短信。他们大都是看了我的分享或我的书，受到了启发。能够对他人产生积极的影响，对我来说是莫大的幸福。

假如明天就是世界末日，那我这一生为这个世界所做的贡献是什么？我想，我可以很自豪地回答：我曾经用我的文字去感染和感动别人。我的文字就似一股清流，让这个世界充满善良和爱。我认为，人活在这个世界上的价值就是——

高绩效心智

让自己深感惊喜的同时，让身边的人深感惊喜。而文字，就是能给人惊喜的一种方式！

用文字去感染别人，让这个世界因为我们的存在，而充满更多惊喜！

✦ 安妮说

假如明天就是世界末日，那你这一生为这个世界所做的贡献是什么？我想，我可以很自豪地回答：我曾经用我的文字去感染和感动别人。你呢？

把每一次发言都当作展示自我的机会

：
，

很多人都觉得，我的表达能力很强。但其实我并不是在每个场合都能流畅地表达，我也要看状态。通常，遇到和我"同频"的人，我会表达得比较自如；遇到不同频的人，我会展现自己文静的一面。

后来我发现，不管遇到什么类型的人，如果我只是安安静静地坐着听别人说话，看着别人分享，那我只是一个"隐形人"。我浪费了一个机会。而我的理想是做一个有影响力的人。一个有影响力的人，在任何场合都需要展示自己的思想。于是，我决定从每一次聚会开始，让我的思想能传播出去，感染他人。

有一次，企业家林总安排了一次聚会，现场来了二十多位各界精英。大家彼此之间都不是很熟悉。这个时候，一位企业家突然提到"选择"这个话题。他说，卓越的人都是因为他们在关键时刻做了正确的选择。会做选择的人，更容易

高绩效心智

掌控自己的人生。于是，林总就让在座的各位精英一起聊聊他们对于选择的看法。大家你一言我一语地谈了起来。有人说，选择基于智慧，拥有智慧的思想才能做出正确的选择；也有人说，选择无所谓对错，因为人生就是一种体验。

还没有轮到我的时候，我就在酝酿和准备。因为我不会随随便便发言，只要我开口讲话，就要充分展现我的特质，要让我的思想深入人心。轮到我时，我说："在我看来，错误的选择有三种——不会选择，不断选择，不坚持自己的选择。我有一个妹妹，大学毕业以后，不顾家人的反对，坚持要嫁给一个高中同学。这个妹妹的家庭背景很好，从小养尊处优，可她的同学是一个地地道道的农村人，他俩的家庭背景相差太大。长辈都说，这段婚姻不会长久，可是这个妹妹偏不听。她宁可和父母断绝关系，也要跟那个男人回老家。结果不到一年，她就受不了了，这段婚姻也以离婚收场。——这就是不会选择。后来，家里人着急了。她的年纪越来越大，不能总是单着，于是催着她赶紧找对象。她开始一个一个见面。一般人经历了一次失败的婚姻后，通常会长点儿见识。可她偏偏不是。她通过相亲认识了一个男士，没多久就吵着要和人家结婚，说这次她遇到了真爱。结果那男人不愿意，后来没结成。一年之内，她起码闹了三次要结婚——这就是不断选择。去年年底，她遇到了一个大学老师。这位男士文质彬彬，一表人才，难得妹妹的父母也很喜欢，就让他俩认真相处。结果，妹妹说这位男士有个缺点，就是喜欢跷二郎腿。她特别不喜欢男人有这个习惯，就吵着要分手。最后到底是分手了——看，这就是不坚持自己的选择。这个妹妹今年三十五岁了，依然单身。"我说完这个故事，大家都很感慨。同时，大家都对我投以欣赏的目光。

"那么，什么是选择呢？我认为，选择意味着，你将牺牲一种美好，又或者，你将承受一种不安。比如，有两个男人，一个是亿万富翁，一个是地痞流氓，这个构成选择吗？不构成。因为这两个人层级不一致。而你喜欢吃苹果，还是梨？这个就构成选择。因为，二者能量层级相同。选择就意味着，你必须放弃同等能量的另外一样东西。放弃这个东西，会让你陷入纠结，让你有所顾虑，这才是真正的选择。"我表达了我对选择的看法。

"所以，这个世界上最可怕的事不是优秀的人比你更努力，而是优秀的人比你更会做选择。"我笑了，大家也都笑了。我的观点，得到了在场的朋友们的肯定和认同。我知道我已经把在座的各位圈粉了，我的发言让他们感觉很震惊。后来，每个人都过来跟我加微信，说被我的智慧折服，希望能认识

　　　　　　　　　　　　　高绩效心智

我，想跟我多多学习。我通过这次发言，成功地展示了自己。

不久，另外一位企业家邀请我去他的公司喝茶。一进入他的办公室，我就看到来自各个协会的秘书长。他们已经来了一段时间了，我才刚刚到。我找了一个角落的位置坐下，认真地听他们的对话。今天大家聊的主题是"自由"。正巧，我曾经研究过这个话题，于是，我酝酿着如何让我的发言一鸣惊人。

终于轮到我了，我说："各位尊敬的秘书长，刚才听了你们的分享，我受益匪浅。我分享一下我对自由的理解。如果有不恰当的地方，还请大家多多包涵。"我开始切入主题。

"自由其实就是找到生命的节奏，有所为，有所不为。很多人说，自由就是可以做自己想做的事，我不赞同这个观点。我认为，真正自由的人有选择的权力，他可以选择做自己不想做的事。自由等于能力减去欲望，你的能力很强，但是欲望很小，这样的人，就会感受到更加自由。"我表达了一下我的观点，大家觉得特别棒，让我继续分享。

我接着说："很多人说，自由就是为所欲为，其实不是的。自我放纵不是自由。我们想一下，如果我们整天不上班，在家里抱着薯片看电视，任由自己的身材越来越胖，思想越来越缓慢，人生越来越没有未来，这样的生活是自由的吗？不是。其实，自我节制比自我放纵更加自由。因为在自我节制中，有一种自我主宰的快感。"我说到这里时，现场很安静，我感受到了大家对我的尊敬和仰慕。他们肯定在想："这个小姑娘看上去没什么，怎么这么会聊天。"

"唐秘书长，那你认为如何才能做到自由呢？"一个声音问。

太好了，我太喜欢回答问题了。这正是我准备好的一个答案。于是我答道："自由需要清醒的自知，勇敢的选择，无悔的担当。"说到这儿，那个提问题的帅哥，已经快要"膜拜"我了。

看来，我的这次发言又成功了。把每一次发言都当作展示自我的机会，我做到了。你也可以。成功的发言需要充足的准备，这些准备源于平时吸纳的点点滴滴。让自己做一个有"厚度"的人。一个思想深刻的人，在人群中，一定会脱颖而出。

> **安妮说**
>
> 不论遇到什么场合，如果你只是安安静静地坐着听别人说话，看着别人分享，那你只能做一个"隐形人"。你浪费了一个可以展示自己的宝贵机会。如果你不展示自己，别人也无从知道你是谁，你能做什么。

听讲不如演讲，演讲助力职场

：
，

可能大家不知道，以前的我，并不像现在这么擅长表达。尤其是在台上，面对很多人的时候，我常常觉得大脑一片空白，不知道该说什么。后来，我认识一位创业者。当时，他的产品只有一个雏形，什么都没出来，但他只用了一个ppt，就成功融资五百万。他让我深深感觉到演讲的重要。于是，我决定努力提升自己的演讲技能。

我这个人，一旦决定要做，就会义无反顾。我把市面上所有关于演讲的书都买回来，看了个遍，还报名参加了很多优秀的演讲课程。学了这么多，我觉得，演讲只需要做好一件事，那就是——霸占舞台。整天学习是不够的，还得练习。倘若不去践行，那知识就白学了。于是，我制订了"讲满五十场"的计划。我要求自己在一年内，讲满五十场。通过实践来锻炼自己的能力，培养自己的胆量，提升自己的气场。

我是一个说到做到的人。

那段时间，正赶上我的新书出版，很多大学和女性平台都邀请我去演讲。练得多了，慢慢地就不紧张了。我渐渐地总结出了一套自己的演讲技巧，那就是"金句+故事+使命"。这是我研究出来的独特的演讲结构。

首先，演讲不等同于讲课。演讲的时间不长，观众的耐心也有限，所以我们在开讲前十秒，就需要用"共情"的方法抓住观众的注意力。这才是完美的开场。

然后，进入了"金句"环节。我认为，金句是演讲的灵魂。观众听你讲了这么多，可能到最后只会记得印象最深的一句话。比如，"碧桂园，给你一个五星级的家""怕上火，喝王老吉""好空调，格力造"。这就是金句的魅力。因此，一个好的演讲，一定要用到"有灵魂的"金句——有灵魂的意思是，这句话要能打动人心，并且能深入人心。

第三，讲故事。会讲故事是一个人的重要竞争力。人容易被故事打动，但不容易被道理说服。最差的演讲，就是一直在念ppt，一直在讲道理。其实，观众才是主角，ppt不是。好的演讲，甚至可以连ppt都不要。那么，什么最能吸引观众呢？我认为是故事。演讲者一定要学会讲故事。这个故事最好是亲身经历的，有切身体验的，还要含有价值观的冲突。主

高绩效心智

人公在这个故事中，还应该有所成长。

第四，演讲要设计情感路线。演讲中，要用情感去带动我们的语速。通常，在开场的时候，情感是幽默的，之后是紧张的，然后是纠结的，最后是温暖的。结尾要让观众感受到爱和美好。

第五，好的演讲一定要有使命感。要想清楚：我为什么要做这个演讲？这个演讲和台下的观众有什么关联？这个演讲能为社会创造什么价值？一个有使命感的演讲，才能打动整场观众。

有一次，深圳市海归协会举办海归论坛，我作为主办方的代表，要做五分钟的演讲。我按照自己总结的方法和技巧，设计了这次演讲。首先，我明确了这次演讲的主题——"我们为什么要办海归论坛"，我演讲的内容需要与这个主题密切相关。其次，这次演讲的观众都是年轻的海归，演讲风格要对他们的"胃口"。再次，我演讲的时间不能太长，因为我不是主角，海归论坛的五位嘉宾才是主角。按照这个逻辑，我写下了三组关键词：两个故事（告诉大家我们为什么要办这个活动）；一个金句（我对五位嘉宾的欣赏和尊重）；共情（引发台下观众的共鸣）。

于是，在活动开始前，我上台进行了五分钟的演讲：

"亲爱的海归朋友们，大家下午好！我是深圳市海归协会的秘书长安妮。"首先，自报家门。

"前段时间我去上课，老师跟我说，如果我希望持续进步，需要找一个榜样。可是找来找去，我真的没发现谁可以成为我的榜样。但最近几天，我被一位男神'吸粉'了。他是一个被朋友圈'刷屏'的男明星，大家猜猜，他是谁？"通过提问互动，引起大家的兴趣。

这个时候，台下有人喊出来："彭于晏！"

我开心地说："太棒了！看来我们今天到场的观众，都是了解我的呀！我说一下，我为什么被彭于晏'圈粉'。因为我在这位明星的身上，看到了两种特质——自律和拼命。彭于晏曾经说，是自律和拼命成就了他。他没有才华，所以用命去拼；他不怕苦，就怕学不到东西。他演的电影《翻滚吧，阿信》中有一句台词：'如果你一生只有一次翻身的机会，就要用尽全力。'他就是这么做的。彭于晏是易胖体质，为了保持身材，他只吃水煮餐。他说，他已经很多年没有吃饱过，都不知道糖是什么滋味了。他每拍一部戏，就学会一项技能，包括体操、冲浪、训练海豚、手语、赛车、射击等。到底是什么在支撑着他，完成这么多高难度的事？我认为，是强大的自律能力和坚不可摧的意志力。这样的男人，是不是很迷人？他立刻变成了我的男神！他让我看到

　　　　　　　　　　　　　　　　　高绩效心智

了，自律和拼命的人，是如何成就他们自己的。"第一个故事讲完了。

"前不久，我去复旦大学培训，又被一位女神'圈粉'了。她也成了我的榜样。大家知道她是谁吗？"我继续与台下观众互动。

"陈果。"有人喊出来。

"对了，就是陈果。陈果是复旦大学的女神教授。她最吸引我的，就是她的洒脱和随性。她从不做任何人生规划，也从来不自律。她常说：'明天和死亡不知道哪个来得更早，所以我为什么要做计划？'有人问：'陈果，你都四十岁了，没钱没车没房，你乐什么呀？傻乐。'可是陈果却回答：'如果老天爷眷顾我，给我很多物质财富，那真是太好了。如果老天爷觉得我已经拥有很多，不再给我物质，那么，请大家相信，我一定会用最优雅的方式，来过这种尊贵的贫穷生活。'我被陈果的这番话打动了。"第二个故事讲完了。

"这两个故事，刚好诠释了我们为什么要做海归论坛。我们其实就想展现不同海归的生活方式。我们想告诉你：有些人这样生活，有些人那样生活——每个人都有自己的生活方式和生活态度。只要努力生活，每个人都是值得我们尊敬的。你们说是吗？"我继续和台下观众互动。台下响起一片掌声。这个时候，我要引入几位演讲嘉宾了。我准备用金句来开场：

"人生就像一出戏，没有完美的剧本，但有完美的演技。今天演讲的五位嘉宾，他们是我心中的奥斯卡影帝和影后。他们用不同的方式来诠释他们的人生。他们每个人都在告诉我，人生的意义到底是什么。我认为是：找到你自己，成为你自己，全力以赴地去实现你自己。最后，预祝第八届海归论坛圆满成功。同时，希望在座的每一位小伙伴，都能成为最好的自己。"

虽然只有五分钟，但现场的效果超级火爆。我发现，只要稍微设计一下演讲的结构，使用小小的技巧，整个演讲效果就完全不一样了。活动结束后，很多人加我微信，说被我的智慧吸引，想认识我。

其实，我并没有做什么特别的事，只是调整了自己的演讲模式，就打造了一场明星演讲。只要掌握一些小技巧，你也可以成为一个演讲高手。

✦ 安妮说

"金句+故事+使命"，这是我研究出来的独特的演讲结构。掌握这个小技巧，你也可以成为一个演讲高手。

高绩效心智

把听者变成你的粉丝

：
，

　　我是一个对金句非常痴迷的人。每次听到别人说一句很深刻的话，我就会迫不及待地记下来。有一次，和一群朋友聊天，突然有人说了一句："不要害怕热闹，因为在热闹中失去的，都会在孤独中找回来。"天哪，这句话太厉害了，我马上记在了本子上，然后在一些适当的场合用到了。这句话也提升了我的思想层次，让别人对我印象更加深刻。

　　每天晚上我都会看书，每次看到激动人心的句子，我就会抄写在本子上。久而久之，我积累了大量的金句。很多句子已经深入我的灵魂，可以不假思索地脱口而出。

　　有一次，我去一家美容院做SPA，那里的小姑娘都是90后。她们在给我服务的时候，一直在聊爱情。其中一位小妹妹说，她最近恋爱了，但是她很害怕以后会和男朋友分开。另外几个小妹妹就开始给她意见。有的说："哎呀，你们干脆结婚算了，结婚就没有这个问题了。"另一个小妹妹说："你那么年轻，又那么好看，干吗这么患得患失的？就算你们分开了，你还会遇到更好的。"于是她们问我："安妮姐，你是如何看待爱情的呀？"

其实，很少有人问我这个问题，加上当时我又在做SPA，并没有特别认真听她们讲话。但她们问到我，我便脱口而出："只有用眼睛相爱的人才会分开。对于那些用灵魂相爱的人来说，这个世界没有离别。"可能是因为平时金句看多了，讲这句话的时候，我都没有经过思考。本来我以为，讲完我就可以安心睡觉了，结果这群小妹妹纷纷赞叹道："哇，安妮姐，你好厉害啊！你太有智慧啦！"她们因为一句话，变成我的粉丝了。

后来，每次去这家美容院，我都很开心。因为我已经从一个客户，荣升为她们的精神导师。每次我都要花至少半个小时给她们上课，有的时候讲哲学，有的时候讲历史，有的时候讲做人的道理。我也很享受与她们之间的交流和分享。如果我是一位老师，我会非常喜爱好学的学生。而她们都是一群爱学习的可爱的妹妹。

有一次，一个妹妹问我："安妮姐，你如何理解'好的生命'？"我回答她："好的生命是，有事做，有人爱，有问题可想，有选择的自由。所以，我们要努力做一个善良的人。善良的人才更加可爱，可爱的人才会运气好，运气好的人，才会命好。"大家都笑了起来。

后来，很多人知道我语出惊人，就经常邀请我去给他们的活动做总结。我有一个合作伙伴，他是做高端接待的。有一次，他做了个产品发布会，邀请我作为嘉宾到现场支持他。活动快结束的时候，我本以为可以离场了，这个时候，他的一个同事跑来跟我说："安妮姐，可否邀请您上台去做一个总结？"我惊讶地说："这不太合适吧？我又不是你们公司的人。"这个小姑娘说："我们老板说，您口才好，现场又有很多大企业的老板，您做总结的话，效果会很好。"我回头一望，果真挺多人。是不是大老板我不知道，但我知道，这是一次推广我自己的机会。说不定，当我讲完以后，这些人都会成为我的粉丝。

于是，我酝酿了三分钟，就上台了。

"大家好，我是深圳市海归协会秘书长安妮，同时，我也是接待专家创始人Nelson的好朋友。"开场让大家知道我是谁。

"认识Nelson差不多六年了，这六年里，我跟随Nelson去了很多地方。今天承蒙Nelson邀约，让我从一个客户和朋友的角度，对他的活动做总结。我想从四个方面，表达我对这家企业的尊敬和欣赏。"我用的是"四度"总结法，也是我自己研究出来的一个套路。

"首先，接待专家是一家很有'高度'的企业。不管是去美国参加巴菲特股东大会，还是去日本见无印良品的创始人，又或者去以色列让诺贝尔获奖者给我们上课，跟随Nelson的考察团，'高度'一定够'高'。没有他做不到的，只有你想不到的。"从高度上，我做了第一点总结。

"其次，接待专家是一家很有'深度'的企业。每次跟他去国外，他都会让当地人带我们深入那个国家人们的生活，体验当地的风土民情。他让我深深地感受到，这不是一次旅行，而是一次文化的洗礼。"从深度上，我做了第二点总结。

"第三，接待专家是一家很有'宽度'的企业。为什么这么说呢？接待专家已经不止能前往美国、加拿大和澳大利亚了，一些小众的国家，比如古巴、阿根廷、摩纳哥等，都在它的业务范围内。无论你在世界的任何一个角落，接待专家都可以给你提供最称心的服务。"从宽度上，我做了第三点总结。

"第四，接待专家是一家很有'温度'的企业。我给大家讲一个故事。今年年初的时候，我们跟随Nelson前往日本考察，到达日本时已经是凌晨了。我们舟车劳顿，没来得及吃饭，而餐厅也都打烊了。Nelson说，他安排同事给我们准备了便当。我们以为是麦当劳、肯德基之类的，谁知，是包装得无比精致的日本便当，真的让我们眼前一亮。这是他提前两天就让同事预订的。他安排了同事提前到达日本，取好便当，做好保温，等我们到达，趁热送到我们每个人手上。这是多么温暖的事。我记得当时日本很冷，第二天早晨我们要去企业考察。接待专家给我们每个人都准备了一壶泡好的白茶。我们每个人的心里都暖暖的。接待专家真的是一家很有'温度'的企业。"从温度上，我做了第四点总结。

"最后，如果一定要说出接待专家的一个'缺点'，我觉得就是——容易上瘾。一旦选择了它，就离不开它了。"说到这儿，观众都笑了，现场的气氛已经很热烈了。我感觉到大家都被我的一番话给感染了。

我们要把握好每一次分享的机会。要么就不讲，要么就认真讲。让听众成为我们的粉丝，其实并不是那么难！

安妮说

没有人生来就会口吐金句。只要努力学习，一切皆有可能！

上架建议：心理 | 励志

ISBN 978-7-5596-2991-3

9 787559 629913 >

定价：42.00元